ZHINENG BIANDIANZHAN
ERCI SHEBEI YUNWEI JIANXIU SHIWU

智能变电站
二次设备运维检修实务

陈　庆◎主编

U0246673

中国电力出版社
CHINA ELECTRIC POWER PRESS

内 容 提 要

随着智能变电站的快速发展，为了使智能变电站二次技术管理以及运维检修人员快速了解智能变电站中基本理论知识，有效提升智能变电站二次设备运维检修能力，国网江苏省电力有限公司组织编写了《智能变电站二次设备运维检修知识》和《智能变电站二次设备运维检修实务》。

本书共分为 8 章，主要介绍了智能变电站运维检修特点及趋势；智能变电站二次设备的调试流程、组态配置方法、安全隔离措施、检修试验方法以及改扩建技术方案；智能变电站常用测试仪器及辅助分析设备的使用方法；智能变电站常见异常告警及典型处理方法。

本书可作为智能变电站技术管理人员以及运维检修人员的学习培训教材以及工作参考书。

图书在版编目（CIP）数据

智能变电站二次设备运维检修实务 / 陈庆主编. —北京：中国电力出版社，2018.7（2020.12重印）
ISBN 978-7-5198-1710-7

Ⅰ. ①智…　Ⅱ. ①陈…　Ⅲ. ①智能系统–变电所–二次系统–检修　Ⅳ. ①TM63

中国版本图书馆 CIP 数据核字（2018）第 016317 号

出版发行：中国电力出版社
地　　址：北京市东城区北京站西街 19 号（邮政编码 100005）
网　　址：http://www.cepp.sgcc.com.cn
责任编辑：王蔓莉（010-63412791）　盛兆亮
责任校对：王开云
装帧设计：张俊霞　左　铭
责任印制：石　雷

印　　刷：北京天宇星印刷厂
版　　次：2018 年 7 月第一版
印　　次：2020 年 12 月北京第二次印刷
开　　本：787 毫米×1092 毫米　16 开本
印　　张：11.75
字　　数：234 千字
印　　数：2001—2500 册
定　　价：56.00 元

编 委 会

| 主　　　编 | 陈　庆 |
| 执 行 主 编 | 陆　晓　　吴　奕　　崔　玉 |

编写组成员	曹海欧	侯永春	卜强生	张　玥	徐培栋
	余嘉彦	马生坤	蒋宁华	吴习伟	徐　滔
	袁宇波	盛　远	刘　永	谢晓清	朱星阳
	张　帆	宋　爽	周陈斌	沙庭进	陈　慷
	赖　勇	肖岸原	陈　剑	徐　宁	杜云龙
	郝宝欣	李世倩	易　新	黄　翔	宋亮亮
	王　业	熊　炜	刘志仁	陈瑞俊	

序

　　面对世界能源发展面临的资源紧张、环境污染、气候变化等挑战，我国率先提出"探讨构建全球能源互联网，推动以清洁和绿色方式满足全球电力需求"的倡议。全球能源互联网，是以特高压电网为骨干网架、全球互联的坚强智能电网，是清洁能源在全球范围大规模开发、配置、利用的基础平台。智能变电站是建设坚强智能电网的基础环节，也是有效支撑全球能源互联网的核心要素。

　　2010年，国家电网公司首批试点智能变电站投入运行。智能变电站与常规变电站相比，在二次设备的通信方式、数据采集手段、智能高级应用等方面存在明显差异。2017年，国家电网公司提出建设第三代智能变电站，智能变电站继电保护技术发展与变革仍在继续。随着智能变电站大量投入运行，智能变电站的运行、维护、检修、改扩建等工作也成为现场关注的重点。对待新技术、新设备，继电保护从业人员应秉持积极探索、稳妥应用的工作态度，加强研究学习、分析总结智能变电站继电保护方面的运行经验，积极推动技术进步和成熟。

　　近年来，国网江苏省电力有限公司在智能变电站建设和推广应用方面认真积累经验、潜心总结，针对智能变电站技术应用情况及运维实践情况，组织了公司内部智能变电站方面的专业骨干，从理论联系实际的角度，突出建设、调试、运行以及检修等全过程管理，编写了《智能变电站二次设备运维检修知识》和《智能变电站二次设备运维检修实务》两书。其中，《智能变电站二次设备运维检修知识》一书侧重基本理论知识，《智能变电站二次设备运维检修实务》一书则侧重现场操作应用，两本书相互配套具有更好的理论深度和实践价值。

　　希望本书能为智能变电站技术管理、运行检修等专业人员的现场工作提供借鉴和指
导，同时也为高校、科研院所以及制造单位更好地提升智能变电站建设和制造水平提出
现场需求。

王玉玲

2018 年 5 月

前　言

随着我国智能电网建设步伐不断加快，智能变电站作为其中的重要环节已大量投入运行，智能变电站的运行、维护、检修、改扩建已逐渐成为关注的焦点。智能变电站大量新技术的应用改变了变电站二次设备的运维、检修内容和方法，二次设备的状态评估和智能诊断能力不断加强，运维、检修模式向着智能化方向发展。

在智能变电站新技术飞速发展以及快速推广的新形势下，智能变电站技术管理、运行、检修等人员迫切需要不断学习，掌握智能变电站的基本理论知识，转变传统的运维检修思路，提升智能变电站现场异常及缺陷分析处理能力，以适应智能变电站技术的发展，保障大电网安全稳定运行和适应大电网发展需要，这也是本书编写的出发点。

本书以智能变电站现场继电保护等二次设备调试检修技术为主线，参考现行智能变电站技术规程等资料，结合国网江苏省电力有限公司在智能变电站现场运维检修的实践经验，从智能变电站测试流程及方法着手，介绍了二次系统组态配置操作方法，阐述了二次设备检修隔离措施及检修试验内容和方法，说明了典型测试仪器及辅助分析设备的使用方法。同时，从实际工作需求出发，结合编者的实际工作经验，总结了智能变电站二次设备常见异常告警及典型处理方法，并结合典型故障案例进行说明分析。

智能变电站建设和技术发展是一个渐进的过程，本书针对现有技术应用和现场工作实践的总结，目的是为智能变电站现场运维、检修提供技术帮助，也为今后智能变电站运维、检修技术发展提供一些经验借鉴。随着智能变电站运维技术的深入研究及高级应用的完善，智能变电站现场运维、检修智能化水平将进一步提升，形成一套成熟、稳定、可靠、先进的技术体系。

　　本书由国网江苏省电力有限公司组织电科院、检修分公司以及各供电公司智能变电站二次方面的技术骨干编写而成，编写过程中得到了南瑞继保等设备厂家的大力支持与帮助，同时感谢华东分中心陈建民等专家对该书提出了宝贵的意见，编写时还参阅了有关参考文献、国家标准、运行规程、技术说明书等。

　　由于编者水平有限，书中难免有疏漏和不足之处，恳请读者批评指正。

编　者

2018 年 5 月

目 录

概　　述

智能变电站是常规变电站的升级和发展，是结合智能电网的需求，对变电站自动化技术进行更新换代，以实现智能化功能。本章对智能变电站的发展、典型特征、运维检修特点概要进行介绍，并展望了符合智能变电站发展特点的运维新技术。

1.1　智能变电站发展

随着计算机、网络、信息技术的发展，变电站的自动化水平得到了不断的提高。我国变电站自动化技术的应用和发展大体经历了分立元件式变电站自动化、集中组屏式变电站自动化、分层分布式变电站自动化、智能变电站自动化几个阶段。

国际电工委员会（IEC）于 2002 年开始建立了新一代变电站信息交换标准——IEC 61850《Communication Networks and Systems in Substations》，变电站信息交换的标准化是智能变电站建设的基础。智能变电站初始发展阶段为"数字化变电站"，"数字化变电站"侧重于数字化层面的设备研发与应用工作，建立以数字信息为基础的统一数据平台，充分实现信息资源共享，减少硬件设备的投资。在统一的数据平台上，数字化变电站开发了适应变电站运行管理的高级应用软件，提升了变电站整体工作效率，提高了变电站运行的安全性和可靠性。2006 年无锡 110kV 园石变电站投运，工程应用了数字化变电站的六大关键技术：① 全站统一的通信协议；② 以数字信息为基础的数据平台；③ 高效率的变电站网络；④ 模块化的硬件结构；⑤ 规范化的变电站信息；⑥ 适合变电站运行的高级应用软件或专家系统。110kV 园石变电站的工程建设为智能变电站的发展积累了宝贵经验。

2009 年 12 月，国家电网公司发布了《智能变电站技术导则》，提出"智能变电站是采用先进、可靠、集成、低碳、环保的智能设备，以全站信息数字化、通信平台网络化、信息共享标准化为基本要求，自动完成信息采集、测量、控制、保护、计量和监测等基本功能，同时具备支持电网实时自动控制、智能调节、在线分析决策、协同互动等高级功能的变电站"。智能变电站采用 IEC 61850 标准，将变电站一、二次系统设备按功能分为三层，即站控层、间隔层和过程层。国家电网公司针对智能变电站过程层网络化、控制保护设备智能化、站控层协同应用平台化等方面发布了《智能变电站继电保护技术规范》《IEC 61850 工程继电保护应用模型》等规范，并在无锡 220kV 西泾变等变电站中应用，侧重于实现智能变电站五大技术特征：① 通信规约及信息模型符合 DL/T 860《变电站通信网络和系统》系列标准；② 信息一体化平台；③ 支持智能告警等众多高级功能；④ 智能一次设备；⑤ 能够实现设备的状态监测。

智能变电站技术在实际工程应用中不断成熟、完善，从 2009 年智能变电站概念的提出至今，智能变电站发展大致经历了工程试点、推广建设、全面建设 3 个主要阶段，各运维管理部门通过智能变电站的建设与发展，制定并完善智能变电站专业管理技术规范：继电保护专业对保护装置功能配置、回路设计、端子排布置、接口标准、屏柜压板、保护定值和报告格式进行统一，并在此基础上制定和完善继电保护信息规范；自动化专业制定了变电站自动化设备的"四统一、四规范"（技术标准统一、原理接线统一、符号统一、端子排布置统一）。为进一步提升智能变电站运维检修技术支撑能力，国家电网公司部署智能变电站保护设备状态监测与诊断装置，并推进继电保护设备在线监视与分析建设与应用，提高继电保护设备运行管理水平。

1.2 智能变电站典型特征

1.2.1 智能化设备的应用

智能化设备的应用是智能变电站的基础，也是其重要技术特征。智能一次设备主要通过"一次设备本体+传感器+智能组件"的方式实现。智能一次设备中，对二次系统影响最大的是智能断路器和智能采样设备。

1. 智能断路器

智能变电站断路器智能化的实现方式有两种：① 直接将智能组件内嵌在断路器中，断路器是一个不可分割的整体，可直接提供网络通信能力；② 将智能控制模块形成一个独立装置——智能终端，就近安装在常规断路器旁，对断路器进行信号采集和控制，实现已有断路器的智能化。后者较为容易实现，也是主要采用的实现形式。

除断路器外，变压器、电抗器等设备也可通过配置相应智能终端并辅以其他智能电子设备实现智能化。变压器（电抗器）本体智能终端包含完整的本体信息交互功能，采集上送信息包括分接头位置、非电量保护动作信号、告警信号灯；接收与执行命令信息包括调节分接头、闭锁调压、启动风冷、启动充氮灭火等。部分本体智能终端同时具备非电量保护功能，非电量保护采用就地直接电缆跳闸。

智能终端，特别是断路器智能终端的出现，实现了断路器操作、信号采集的数字化、智能化，使变电站的工作方式发生了极大变化。常规保护装置由用出口继电器经电缆直接连接到断路器操作回路实现跳合闸，智能变电站保护装置则是通过光纤接口接入断路器智能终端实现跳合闸。

2. 智能采样设备

智能变电站采样系统的智能化主要分为两种实现方式：① 采用"电子式互感器+合并单元"实现采样，合并单元将数字采样值合并、同步、组帧等处理后输送给保护、测控等二次设备；② 采用"常规互感器+合并单元"实现采样，合并单元对模拟量信号进行采集，模/数转换后输送给保护装置。常规互感器通过合并单元实现电气量的模数变换，利用通信接口实现数字化传输，减少了互感器的负载及二次绕组数量，并节省大量电缆。

合并单元对建设变电站的数字化和智能化起到关键作用。作为互感器与二次设备之间的纽带，合并单元负责为全站提供统一的电压、电流数据来源。在此之上建立的过程层总线通信网络，可以方便地实现采样值在过程层网络的共享，对建设以 IEC 61850（对应 DL/T 860）系列标准为数据基础的数字化变电站，推动在 IEC 61850 架构下变电站中的站控层和间隔层的各项功能应用都有着十分重要的意义。合并单元应用的不利因素在于增加了采样报文延时，同时要求保护、测控等智能装置设计独立的采样值同步机制，一定程度上增加了保护动作的延时。

3. 智能保护设备

变电站智能保护装置采用双中央处理器（Central Processing Unit，CPU）设计，可接收常规电气量采样或合并单元的数字量采样，并进行双 A/D 数据的对比处理，不一致时产生告警，闭锁相关保护。采用数字量采样输入的保护设备数据通道设计如图 1-1 所示。保护出口采用 GOOSE（Generic Object Oriented Substation Event）输出方式，只有在保护动作 CPU 和保护启动 CPU 同时出口时，保护装置才能对外发布 GOOSE 跳闸命令。

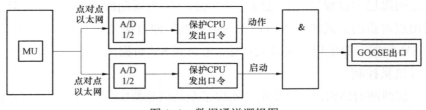

图 1-1 数据通道逻辑图

相较于传统保护装置，智能保护设备的装置架构、装置接口、站控层通信均发生了变化，装置保护原理依然沿用常规保护装置成熟算法。智能保护设备配置四类压板：硬压板、功能软压板、SV 软压板、GOOSE 软压板，其中硬压板通常只设置"远方操作"和"保护检修状态"硬压板，"保护检修状态"硬压板表征保护装置发送报文的检修品质位，保护功能压板均设置为软压板，SV 软压板与 GOOSE 软压板分别控制保护装置 SV 采样值报文与 GOOSE 报文的接收与发送。

1.2.2　智能变电站网络架构

智能变电站系统按功能分为三层：过程层、间隔层、站控层。过程层包含一次设备、智能终端、合并单元等智能组件，完成变电站电能分配、变换、传输及其测量、控制、保护、计量、状态监测等相关功能。间隔层设备一般指继电保护装置、测控装置、故障录波等二次设备，实现使用一个间隔的数据并且作用于该间隔一次设备的功能，与各种远方输入/输出（I/O）、智能传感器和控制器通信。站控层包含自动化系统、站域控制系统、通信系统、对时系统等子系统，实现面向全站或一个以上一次设备的测量和控制功能，完成数据采集和监视控制（Supervisory Control And Data Acquisition，SCADA）、操作闭锁以及同步相量采集、电能量采集、保护信息管理等相关功能。

智能变电站网络分为站控层网络和过程层网络。站控层网络连接站控层设备和间隔层设备，网络通信协议采用制造报文规范（Manufacturing Message Specification，MMS）和 GOOSE 协议，主要传输监控系统的"四遥"（遥信、遥测、遥控和遥调）信息、联/闭锁信号和保护设备的事件、信号、控制命令、定值等。站控层网络设备包括站控层中心交换机和间隔交换机，间隔交换机与中心交换机一般通过光纤连成同一物理网络。站控层中心交换机连接数据通信网关机、监控主机、综合应用服务器、数据服务器等设备。间隔交换机连接间隔内的保护、测控和其他智能电子设备。过程层网络一般包括 GOOSE 网和 SV 网。GOOSE 网用于传输间隔层设备和过程层设备之间的状态信息、闭锁信号、控制命令等，正常工况下流量很小，故障情况或操作过程中突发流量比较大。GOOSE 网一般按电压等级配置，220kV 以上电压等级采用双网，保护装置与本间隔的智能终端之间通常采用 GOOSE 点对点通信方式，即直接跳闸。SV 网用于传输间隔层和过程层设备之间的采样值，SV 为周期性数据，流量大且稳定，保护装置采用点对点的方式接入本间隔的 SV 数据，即直接采样，测控、故障录波等应用所需的 SV 数据一般采用网络方式传输。考虑到 SV 数据流量比较大，一般通过划分 VLAN 进行流量控制。

基于三层两网的结构，智能变电站实现了全站信息数字化、通信平台网络化、信息共享标准化，自动完成信息采集、测量、控制、保护、计量和检测等基本功能，同时支持电网实时自动控制、智能调节、在线分析决策和协同互动等高级功能，智能变电站典型网络架构如图 1-2 所示。

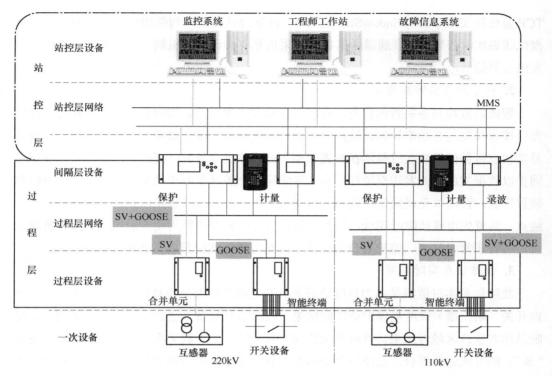

图 1-2   220kV 智能变电站典型网络架构

1.3   智能变电站运维检修特点

1.3.1   二次系统的实时状态监视

智能变电站采用 IEC 61850 标准体系、网络通信等新技术后，保护装置、合并单元、智能终端采用数字量通信方式实现输入输出，二次系统实时状态监测主要包括保护装置通信异常实时监测、设备异常实时监测、故障信息实时监测，通过直观明了的展示辅助运维检修人员分析与判断异常原因、缺陷位置。

1. 通信异常实时监测

智能保护装置通信主要分为四大块：过程层 SV 报文通信、过程层/站控层 GOOSE 报文通信、站控层 MMS 报文通信、站间纵联通道通信。SV、GOOSE、MMS 通信状态均在后台设置了可视化的监视界面，一旦通信中断，则会出现信息通路的断路。SV 报文通信异常是由接收侧根据 svID、ConfRev、条目个数、组播地址等参数判断；GOOSE 报文通信通过报文生存时间参数判断通信中断，通过 GoID、ConfRev、条目个数、组播地址等参数判断通信异常；MMS 报文基于 TCP/IP 协议通信，通过应用层主动释放报文、

智能变电站二次设备运维检修实务

TCP 复位报文或 TCP WindowSize 值为 0、TCP 异常退出，判断通信链路状态，并以可视化状态实时告警；纵联通道通信各厂家采用私有协议通信机制，通信中断时保护装置发出告警信号。

2. 设备异常实时监测

智能装置均具备完善的自身运行状态自检和告警功能，如设备主程序未运行、通信光口接收与发送光功率异常、装置插件运行温度异常、硬件故障、电源板故障等。设备异常状态告警信息应实时显示在装置液晶界面，并点亮告警灯或熄灭运行灯，告警信息同步以软报文的形式发送至监控后台。智能装置一般具备两个硬触点输出：装置故障和装置告警，管理单元或采集单元开机启动过程中，装置故障触点闭合。装置故障为动断触点，装置失电或故障时闭合，装置正常时打开；装置告警为动合触点，装置告警时闭合，装置正常时打开。监控后台通过光子牌与告警窗实时监视并告警设备异常信息。

3. 故障信息实时监测

故障信息实时监测是电力调度值班员判断电网故障及分析处理的依据，主要反映站内开关（断路器）或继电保护动作的结果。故障信号具备典型意义，表达简洁明了，反映具体对象或区域性结果。针对多源或同类故障信号，一般采用按电气间隔合并（逻辑"或"）的方式进行组合。监控后台能够及时获取保护装置告警简报、故障分析报告、故障录波数据与录波图，运行维护人员从故障录波装置、保护信息管理机、监控后台调阅故障录波数据及断路器动作情况，实时掌握智能变电站故障信息。

1.3.2 智能化装置的压板设置

智能变电站保护装置取消了常规变电站模式下大部分的硬压板，只保留了检修硬压板、远方操作硬压板。正常情况下，软压板操作在监控后台或者监控中心实行遥控操作，只是在保护装置与监控后台通信中断时，若急需对保护软压板进行操作，才采取就地操作方式。

常规变电站保护装置和测控装置的检修硬压板用于保护装置进行检修试验时屏蔽软报文和闭锁遥控，不影响保护动作、就地显示和打印等功能，达到方便检修人员调试维护的目的。智能变电站保护装置的检修硬压板是将被检修或消缺的设备从运行系统中可靠隔离的有效手段，是用于实施安全隔离措施的重要方法之一。保护装置、合并单元和智能终端都设有检修硬压板，不同的智能设备之间检修压板投/退的组合会有不同的动作行为。

常规变电站的保护功能正常同时设置功能软压板以及功能硬压板，软压板及硬压板通过"与"门或者"或"门的逻辑决定保护功能的投退。智能变电站保护装置取消了保护功能硬压板，保护功能投退完全有软压板控制；常规变电站的保护装置出口压板在智能变电站中被 GOOSE 出口软压板代替；常规变电站的保护装置开入压板在智能变电站中被 GOOSE 接收软压板代替；常规变电站保护装置的电流电压连接端子在智能变电站中被 SV 接收软压板代替。

1.3.3　二次回路的安全隔离措施

智能变电站检修设备与其他运行设备的联系主要依靠光纤和网络，在不破坏网络结构的前提下，物理上无法完全将检修设备和运行设备隔离。要实现有效的硬件隔离，在回路上已不可能实现，只有通过对装置进行各种设置，改变信息发送方和接收方的状态，才能避免"三误"等情况的发生。为此智能变电站引入了特殊的检修机制逻辑，即在装置检修硬压板投入时，其发出的 SV、GOOSE 报文均带有检修品质标识，接收端设备将收到的报文检修品质标识与自身检修硬压板状态进行一致性比较判断，仅在两者检修状态一致时，对报文做有效处理。检修机制是实现智能变电站二次系统检修安全措施的重要环节。另外，装置的接收软压板和出口软压板可以控制装置是否接收相关信息或发送相关信息，以此实现对信息的隔离。

1.3.4　智能化装置的检修内容

智能变电站采用智能一次设备，增加了合并单元、智能终端等二次智能设备，基于统一的通信规约实现设备间的信息交互。智能装置的二次硬电缆回路转变为虚回路，以通信光纤为基础传递回路信息。智能变电站相对于常规变电站增加了智能组件检修、网络设备检修等项目。

1. 智能组件检修

智能变电站实现了一次设备智能化，保护交流量和开关量输入以数字化方式提供，其控制命令、告警信号也采用数字化的方式输出。因此，二次系统检修的对象扩大到合并单元、智能终端等智能组件，内容侧重于对合并单元、智能终端等装置的准确度、动作时间及同步性能的测试。

2. 网络设备检修

智能变电站实现了二次设备及回路网络化，网络通信设备（主要是交换机）具有非常重要的地位，对其功能和性能要求均非常高。检修内容不仅包括时延、吞吐量、丢帧率等基本性能测试，还包括多层级联后性能及 VLAN 划分、优先级处理、端口镜像（Port Mirroring）、广播风暴抑制、自检告警等功能的测试。

1.3.5　智能化装置的检修工具

采用 IEC 61850 标准后保护测控装置的接口发生很大变化，其开入、开出转变为GOOSE 信号，模拟量输入转换为 GOOSE 信号或 SV 信号，要求保护测试仪或电力系统动态实时仿真系统需要提供这些接口才能进行相关的测试试验。智能变电站二次系统常用测试仪器有光数字继电保护测试仪、手持式调试终端（手持式光数字测试仪、光万用表）、合并单元测试仪、时间同步 SOE（Squence Of Event）测试仪、智能变电站网络测试仪、光功率计等，其中光数字继电保护测试仪、手持式调试终端广泛应用于智能变电站的日常运维检修中。

1.4 智能变电站运维技术展望

1.4.1 二次系统运维可视化

智能变电站信息数字化、网络化后，设备间交互的信息抽象化，整个二次系统基于全站系统配置文件（Substation Configuration Description，SCD），运维检修人员无法直观了解设备之间交互信息的状态，尤其不能一目了然检查安全隔离措施执行是否到位，需要检查的设备点多面广。智能变电站二次系统运维可视化技术围绕 SCD 展开，通过解析 SCD 匹配在线获取的 SV、GOOSE、MMS 报文，建立光缆物理连接与逻辑链路连接的映射关系及逻辑链路与二次功能回路的映射关系，通过图模映射自动生成间隔物理连接图、光缆通信链路图、保护二次原理及压板图，实现无"盲点"在线监测及自诊断告警，从而实现智能变电站二次系统的可视化状态监视以及可视化运维。

1.4.2 二次系统智能诊断技术

智能变电站二次设备缺陷具有多样性和不确定性，各种缺陷之间存在着复杂的联系，使得缺陷诊断过程较为复杂，单一的诊断方法难以满足需求。同时，二次人员的技术水平参差不齐，往往不能够精确定位缺陷并及时消缺。为全面综合诊断智能变电站二次设备缺陷，参考已有电力二次设备缺陷诊断方法，结合已采集的基准数据和电力试验数据，建立典型缺陷数据库，利用自适应算法优化网络和信息归纳演绎技术，最终建立智能变电站检修策略辅助决策专家库。以此来进行缺陷定位，并确定检修影响范围和安全措施，为运维检修人员提供相关缺陷的处理方法，提高消缺效率。

1.4.3 "一键式"安全措施技术

智能变电站二次安全措施以投退软压板和置检修硬压板为主，拔光纤为辅。智能变电站对压板的操作顺序、操作范围要求较高。为提升安全措施的可靠性和完备性，智能变电站实现"一键式"安全措施执行功能，即在保护投退方式调整、装置缺陷处理安全隔离等情况下，根据停电范围、检修内容的不同，依据预先设定的安全措施票，"一键式"退出该装置发送软压板、相关运行装置的接收软压板等，实现安全措施中软压板的"一键式"操作。此技术可减少误操作，减少运维人员的工作量，简单可靠。

1.4.4 "一键式"自动测试技术

基于 IEC 61850 规约、三层两网结构的智能变电站实现了全站信息标准化、共享化，保护装置的定值、功能软压板、SV 软压板、GOOSE 软压板、动作信息可以通过 MMS 网络实现远程控制，保护装置的跳闸及各种 GOOSE 信号在过程层网络中能够实时监视获取，智能变电站继电保护装置"一键式"自动测试技术变得更加可行。"一键式"测试技术实现了测试自动进行、报告自动生成，提高测试的可靠性和工作效率，充分体现了智能变电站继电保护测试自动化、智能化的特点。

组 态 配 置

智能变电站配置文件是运用变电站配置描述语言（Substation Configuration Language，SCL）对变电站设备对象模型进行描述后所生成的文件，目的在于实现不同装置制造商的配置工具之间交换配置信息，实现设备间的数据信息共享。本章对智能变电站系统组态配置基本流程与方法、不同厂家 IED 配置文件下装方法、配置文件检查方法进行详细介绍，并且通过流程与实例阐述了智能变电站过程层交换机离线与在线配置方法。

2.1　系统组态配置

2.1.1　配置文件分类

智能变电站配置文件采用 XML 标准格式，主要包括以下几类：

（1）IED 能力描述（IED Capability Description，ICD）文件。由装置厂商提供给系统集成商。该文件描述 IED 提供的基本数据模型及服务，但不包含 IED 实例名称和通信参数。

（2）系统规格（System Specification Description，SSD）文件。该文件描述变电站开关场一次系统结构以及相关联的逻辑节点，最终包含在 SCD 文件中。

（3）全站系统配置（SCD）文件。该文件应全站唯一，描述全站所有 IED 的实例配置和通信参数信息、IED 之间的联系信息以及变电站一次系统结构，由系统集成厂商或设计单位负责生成。SCD 文件应包含修改信息，明确描述修改时间、修改版本号等内容。

（4）IED 实例配置（CID）文件。每个装置只有一个 CID 文件，由装置厂商根据 SCD 文件中本装置 IED 相关信息生成。

（5）IED 回路实例配置（Configured IED Circuit Description，CCD）文件。用于描述 IED 的 GOOSE、SV 发布/订阅信息的配置文件，包括发布/订阅的控制块、内部变量映射、物理端口描述和虚端子连接关系等信息。CCD 文件应仅从 SCD 文件导出后下装到 IED 中运行。

不同的配置环节采用不同的配置文件，设计阶段采用厂家提供的 ICD 文件及 SSD

文件，系统配置生成 SCD 文件，装置下装使用 CID 文件和 CCD 文件。

2.1.2　组态配置流程

智能变电站系统组态配置流程如图 2-1 所示，首先通过系统配置工具集成各设备的 ICD 配置文件和 SSD 文件，然后根据设计要求和工程需要，配置各装置通信参数、装置名称、装置间的 GOOSE 及 SV 虚端子信息等，生成全站统一的 SCD 文件，最终完成各装置的配置下装工作，具体步骤如下：

（1）准备工作。

1）系统集成商向设计方收集设计文件，包括设计图纸（虚端子接线图、网络配置图）、系统描述文件（SSD 文件）等。

2）收集全站智能设备能力描述文件（ICD 文件）。ICD 文件应包含装置服务器、逻辑设备、逻辑节点、逻辑节点类型的定义等信息，以及装置通信能力和通信参数描述信息，另外还应明确如制造商、型号、配置版本等装置自描述信息。

3）ICD 文件检查工作。通常采用专用测试软件对 ICD 进行检查工作，主要内容包含文件 SCL 语法合法性检查、文件模型实例和数据集正确性检查以及文件模型描述完整性检查。

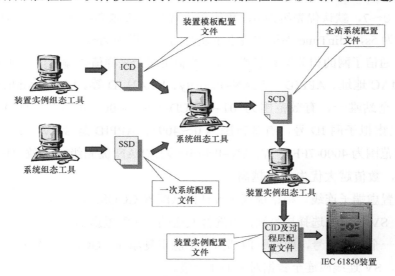

图 2-1　智能变电站组态配置流程图

4）规划各装置的 IP 地址、GOOSE 及 SMV 的组播地址、APPID、GOOSE 插件的端口分配等信息，并制作全站 VLAN ID 表格。

（2）组态工具选用。选择使用集成商提供的组态工具或有关部门提供的专用组态工具。组态工具应记录 SCD 文件的历史修改记录，编辑全站一次接线图，映射物理子网结构到 SCD 中，可以配置每个 IED 的通信参数、报告控制块、GOOSE 控制块、SMV 控制块、数据集、GOOSE 连线、SV 连线、DOI 描述等。

（3）ICD 文件导入。将 ICD 文件导入组态工具，填写电压等级、间隔名称和描述，进行各间隔实例化。

（4）通信参数配置。根据 Q/GDW 1396—2012《IEC 61850 工程继电保护应用模型》描述，全站子网宜划分成站控层和过程层两个子网，命名分别为"Subnetwork_Stationbus"和"Subnetwork_Processbus"。通常情况下，需要配置站控层 MMS 通信子网、过程层 GOOSE 及 SV 控制块的相关参数。

1）站控层采用 MMS 通信子网，根据规划好的表格，配置各装置的 IP 地址和子网掩码，且各装置 IP 地址应全站唯一。

2）过程层可采用 GOOSE 独立组网、SV 独立组网，也可采用过程层 GOOSE 及 SV 共网。

3）GOOSE 通信子网的相关参数配置。GOOSE 控制块用于装置之间的通信，其配置的主要参数包括 MAC 地址、APPID、VLAN–Priority、VLAN ID、MaxTime、MinTime 等。其中 MAC–Address 为 GOOSE 组播地址，全站唯一，范围为 01–0C–CD–01–00–00～01–0C–CD–01–01–FF；VLAN ID 是虚拟子网 ID 号，有效范围为 0～4095；APPID 是 GOOSE 应用标识，全站唯一，有效范围为 0000-3FFF；VLAN–Priority 为 VLAN 优先级，有效范围为 0～7，默认优先级为 4，数值越大优先等级越高；MaxTime 为报文心跳时间，宜设置为 5s，MinTime 为报文最小重发时间，宜设为 2ms。

4）SV 通信子网的相关参数配置。SV 控制块用于采样值传输通信，其配置的主要参数包括 MAC 地址、APPID、VLAN–Priority、VLAN ID 等。MAC–Address 为 SMV 组播地址，全站唯一，有效范围为 01–0C–CD–04–00–00～01–0C–CD–04–01–FF；VLAN ID 是虚拟子网 ID 号，有效范围为 0～4095；APPID 是 SMV 应用标识，全站唯一，有效范围为 4000-7FFF；VLAN–Priority 为 VLAN 优先级，有效范围为 0～7，缺省值为 4，数值越大优先等级越高。

（5）配置虚端子连线。根据虚端子设计图纸配置 GOOSE 以及 SV 虚端子连线，一般 GOOSE、SV 连线先选择接收端，再选择发送端。在配置虚端子连线时，一个内部信号只能连接一个外部信号，即同一内部信号不能重复添加，GOOSE 连线应连至数据属性 DA 一级。SV 连线应连至数据对象 DO 一级。

（6）光口收发信息的配置。光口参数需依据设计要求及装置型号进行单独配置。

（7）配置文件版本管理。SCD 配置文件保存时需增加详细的历史修订信息，并生成全站系统配置 CRC 校验码和各 IED 虚端子配置 CRC 校验码。

（8）配置文件导出及下装。

1）利用配置工具从 SCD 文件中导出相关 CID 文件和 IED 过程层配置文件。

2）利用配置工具下装 CID 文件和 IED 过程层配置文件，下装时装置需采取确认机制防止误下装。

2.1.3 组态配置流程实例

以 NariConfigTool 配置工具为例，简要描述系统配置流程。

（1）新建工程，导入 ICD 文件。点击菜单栏将收集的 ICD 文件，导入 ICD 模板库，并编辑该文件的属性，包含厂家名称以及功能描述，如图 2-2 所示。

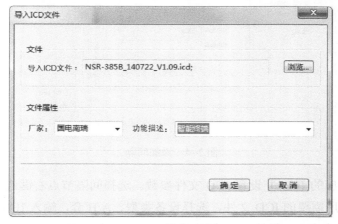

图 2-2　导入 ICD 文件

（2）添加电压等级及相关间隔。根据设计内容，选择 **IEDs** 节点的右键菜单添加相应的电压等级，创建电压等级节点，如图 2-3 所示。然后选择电压等级节点右键菜单添加间隔，输入需要添加的间隔的名称，选择间隔属性以及间隔编号，每个间隔名称在站内必须唯一，不可重复，如图 2-4 所示。

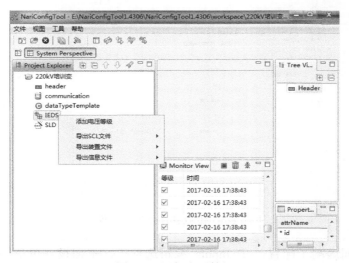

图 2-3　添加电压等级

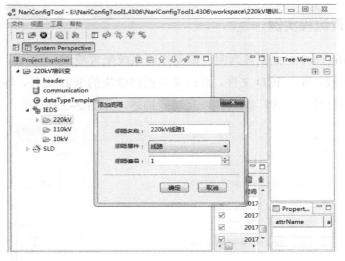

图 2-4　添加间隔

（3）添加相应的 IED 并设置 ICD 文件参数。选择间隔节点右键选择新建 IED，从 ICD 文件库选择所需要的 ICD 文件，选择设备类型、A/B 套，输入 IED 的名称和描述。一般来说命名方式为 P：保护，I：智能终端，M：合并单元，L：线路，T：变压器，E：母联，M：母线，B：断路器等。例如 ML2201A，即为 220kV 线路 1 合并单元 A，如图 2-5 所示。

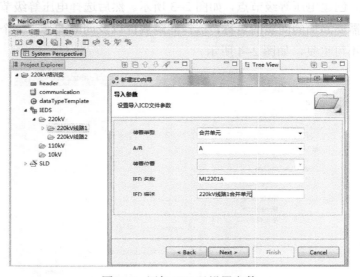

图 2-5　添加 IED 及设置参数

（4）装置间虚端子配置。在 Inputs 编辑选项下，根据设计单位的虚端子表进行 GOOSE 和 SV 的虚端子配置。首先在发送端数据选择区选择发送端端子，其次在 Inputs 编辑区选择接收端端子，最后点击建立映射按钮，建立映射关系，如图 2-6 所示。

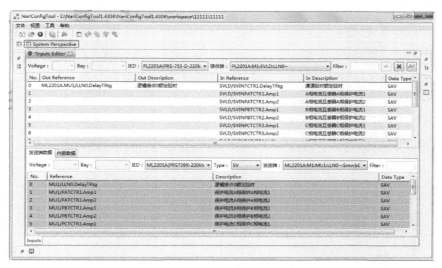

图 2-6 虚端子配置示意图

配置过程中注意：

1）先选择接收端，再选择发送端，最后点击"建立映射"。

2）只有 Type 信息一致的发送与接收虚端子才能连接。

3）发送端与接收端访问点类型须一致。例如过程层 GOOSE 网内进行虚端子接线时不能把过程层与站控层连起来。

4）可在 Filter 中输入过滤信息，实现批量连线。

（5）IED 通信配置。

1）MMS 通信配置：选择菜单中的 IP 地址编辑，在 SubNetwork 下拉框选择子网节点，iedName 表示访问点名称，IP 表示该装置在某一子网下的 IP 地址，B-I-P 表示该装置在另外一个子网下的 IP 地址，IP-SUBNET 表示子网掩码，在编辑区进行 IP、IP-SUBNET 的配置，如图 2-7 所示。

2）GOOSE 通信配置：选择菜单栏中的 GSE 信息编辑，选择在每个 GOOSE 访问参数中，配置 MAC-Address、VLAN-ID、APPID、VLAN-PRIORITY、MinTime、MaxTime 等参数。一般来说，APPID 后两位与 MAC-Address 后两位相同，不考虑优先级时 VLAN-PRIORITY 设置为 4，MinTime 为 2ms，MaxTime 为 5s，如图 2-8 所示。

3）SV 通信配置：选择菜单栏中的 SMV 信息编辑，选择在每个 SMV 访问参数中，配置 MAC-Address、VLAN-ID、APPID、VLAN-PRIORITY 等参数，一般来说，APPID 后两位一般与 MAC-Address 后两位相同，同上 VLAN-PRIORITY 定义为 4，如图 2-9 所示。

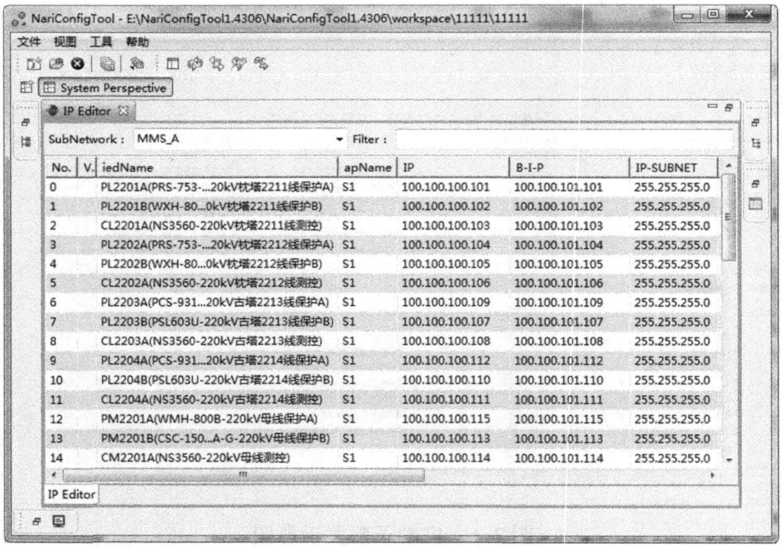

No.	V.	iedName	apName	IP	B-I-P	IP-SUBNET
0		PL2201A(PRS-753-...20kV枕塔2211线保护A)	S1	100.100.100.101	100.100.101.101	255.255.255.0
1		PL2201B(WXH-80...0kV枕塔2211线保护B)	S1	100.100.100.102	100.100.101.102	255.255.255.0
2		CL2201A(NS3560-220kV枕塔2211线测控)	S1	100.100.100.103	100.100.101.103	255.255.255.0
3		PL2202A(PRS-753-...20kV枕塔2212线保护A)	S1	100.100.100.104	100.100.101.104	255.255.255.0
4		PL2202B(WXH-80...0kV枕塔2212线保护B)	S1	100.100.100.105	100.100.101.105	255.255.255.0
5		CL2202A(NS3560-220kV枕塔2212线测控)	S1	100.100.100.106	100.100.101.106	255.255.255.0
6		PL2203A(PCS-931...20kV古塔2213线保护A)	S1	100.100.100.109	100.100.101.109	255.255.255.0
7		PL2203B(PSL603U-220kV古塔2213线保护B)	S1	100.100.100.107	100.100.101.107	255.255.255.0
8		CL2203A(NS3560-220kV古塔2213线测控)	S1	100.100.100.108	100.100.101.108	255.255.255.0
9		PL2204A(PCS-931...20kV古塔2214线保护A)	S1	100.100.100.112	100.100.101.112	255.255.255.0
10		PL2204B(PSL603U-220kV古塔2214线保护B)	S1	100.100.100.110	100.100.101.110	255.255.255.0
11		CL2204A(NS3560-220kV古塔2214线测控)	S1	100.100.100.111	100.100.101.111	255.255.255.0
12		PM2201A(WMH-800B-220kV母线保护A)	S1	100.100.100.115	100.100.101.115	255.255.255.0
13		PM2201B(CSC-150...A-G-220kV母线保护B)	S1	100.100.100.113	100.100.101.113	255.255.255.0
14		CM2201A(NS3560-220kV母线测控)	S1	100.100.100.114	100.100.101.114	255.255.255.0

图 2–7　MMS 通信配置示意图

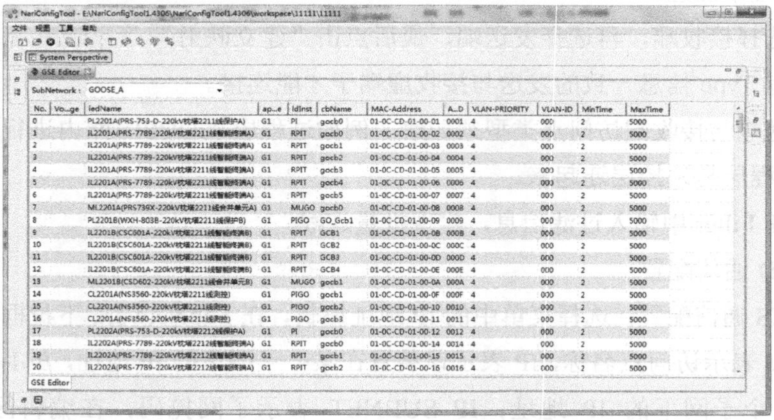

No.	Vo...ge	iedName	ap...e	ldInst	cbName	MAC-Address	A...D	VLAN-PRIORITY	VLAN-ID	MinTime	MaxTime
0		PL2201A(PRS-753-D-220kV枕塔2211线保护A)	G1	PI	gocb0	01-0C-CD-01-00-01	0001	4	000	2	5000
1		IL2201A(PRS-7789-220kV枕塔2211线智能终端A)	G1	RPIT	gocb0	01-0C-CD-01-00-02	0002	4	000	2	5000
2		IL2201A(PRS-7789-220kV枕塔2211线智能终端A)	G1	RPIT	gocb1	01-0C-CD-01-00-03	0003	4	000	2	5000
3		IL2201A(PRS-7789-220kV枕塔2211线智能终端A)	G1	RPIT	gocb2	01-0C-CD-01-00-04	0004	4	000	2	5000
4		IL2201A(PRS-7789-220kV枕塔2211线智能终端A)	G1	RPIT	gocb3	01-0C-CD-01-00-05	0005	4	000	2	5000
5		IL2201A(PRS-7789-220kV枕塔2211线智能终端A)	G1	RPIT	gocb4	01-0C-CD-01-00-06	0006	4	000	2	5000
6		IL2201A(PRS-7789-220kV枕塔2211线智能终端A)	G1	RPIT	gocb5	01-0C-CD-01-00-07	0007	4	000	2	5000
7		ML2201A(PRS739X-220kV枕塔2211线合并单元A)	G1	MUGO	gocb0	01-0C-CD-01-00-08	0008	4	000	2	5000
8		PL2201B(WXH-803B-220kV枕塔2211线保护B)	G1	PIGO	GO_Gcb1	01-0C-CD-01-00-09	0009	4	000	2	5000
9		IL2201B(CSC601A-220kV枕塔2211线智能终端B)	G1	RPIT	GCB1	01-0C-CD-01-00-0B	000B	4	000	2	5000
10		IL2201B(CSC601A-220kV枕塔2211线智能终端B)	G1	RPIT	GCB2	01-0C-CD-01-00-0C	000C	4	000	2	5000
11		IL2201B(CSC601A-220kV枕塔2211线智能终端B)	G1	RPIT	GCB3	01-0C-CD-01-00-0D	000D	4	000	2	5000
12		IL2201B(CSC601A-220kV枕塔2211线智能终端B)	G1	RPIT	GCB4	01-0C-CD-01-00-0E	000E	4	000	2	5000
13		ML2201B(CSD602-220kV枕塔2211线合并单元B)	G1	MUGO	gocb1	01-0C-CD-01-00-0A	000A	4	000	2	5000
14		CL2201A(NS3560-220kV枕塔2211线测控)	G1	PIGO	gocb1	01-0C-CD-01-00-0F	000F	4	000	2	5000
15		CL2201A(NS3560-220kV枕塔2211线测控)	G1	PIGO	gocb2	01-0C-CD-01-00-10	0010	4	000	2	5000
16		CL2201A(NS3560-220kV枕塔2211线测控)	G1	PIGO	gocb3	01-0C-CD-01-00-11	0011	4	000	2	5000
17		PL2202A(PRS-753-D-220kV枕塔2212线保护A)	G1	PI	gocb0	01-0C-CD-01-00-12	0012	4	000	2	5000
18		IL2202A(PRS-7789-220kV枕塔2212线智能终端A)	G1	RPIT	gocb0	01-0C-CD-01-00-14	0014	4	000	2	5000
19		IL2202A(PRS-7789-220kV枕塔2212线智能终端A)	G1	RPIT	gocb1	01-0C-CD-01-00-15	0015	4	000	2	5000
20		IL2202A(PRS-7789-220kV枕塔2212线智能终端A)	G1	RPIT	gocb2	01-0C-CD-01-00-16	0016	4	000	2	5000

图 2–8　GOOSE 通信配置示意图

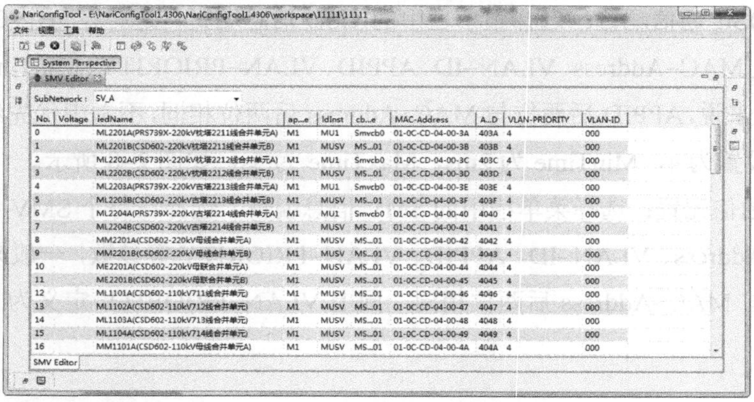

No.	Voltage	iedName	ap...e	ldInst	cb...e	MAC-Address	A...D	VLAN-PRIORITY	VLAN-ID
0		ML2201A(PRS739X-220kV枕塔2211线合并单元A)	M1	MU1	Smvcb0	01-0C-CD-04-00-3A	403A	4	000
1		ML2201B(CSD602-220kV枕塔2211线合并单元B)	M1	MUSV	MS...01	01-0C-CD-04-00-3B	403B	4	000
2		ML2202A(PRS739X-220kV枕塔2212线合并单元A)	M1	MU1	Smvcb0	01-0C-CD-04-00-3C	403C	4	000
3		ML2202B(CSD602-220kV枕塔2212线合并单元B)	M1	MUSV	MS...01	01-0C-CD-04-00-3D	403D	4	000
4		ML2203A(PRS739X-220kV古塔2213线合并单元A)	M1	MU1	Smvcb0	01-0C-CD-04-00-3E	403E	4	000
5		ML2203B(CSD602-220kV古塔2213线合并单元B)	M1	MUSV	MS...01	01-0C-CD-04-00-3F	403F	4	000
6		ML2204A(PRS739X-220kV古塔2214线合并单元A)	M1	MU1	Smvcb0	01-0C-CD-04-00-40	4040	4	000
7		ML2204B(CSD602-220kV古塔2214线合并单元B)	M1	MUSV	MS...01	01-0C-CD-04-00-41	4041	4	000
8		MM2201A(CSD602-220kV母线合并单元A)	M1	MUSV	MS...01	01-0C-CD-04-00-42	4042	4	000
9		MM2201B(CSD602-220kV母线合并单元B)	M1	MUSV	MS...01	01-0C-CD-04-00-43	4043	4	000
10		ME2201A(CSD602-220kV母联合并单元A)	M1	MUSV	MS...01	01-0C-CD-04-00-44	4044	4	000
11		ME2201B(CSD602-220kV母联合并单元B)	M1	MUSV	MS...01	01-0C-CD-04-00-45	4045	4	000
12		ML1101A(CSD602-110kV711线合并单元)	M1	MUSV	MS...01	01-0C-CD-04-00-46	4046	4	000
13		ML1102A(CSD602-110kV712线合并单元)	M1	MUSV	MS...01	01-0C-CD-04-00-47	4047	4	000
14		ML1103A(CSD602-110kV713线合并单元)	M1	MUSV	MS...01	01-0C-CD-04-00-48	4048	4	000
15		ML1104A(CSD602-110kV714线合并单元)	M1	MUSV	MS...01	01-0C-CD-04-00-49	4049	4	000
16		MM1101A(CSD602-110kV母线合并单元A)	M1	MUSV	MS...01	01-0C-CD-04-00-4A	404A	4	000

图 2–9　SMV 通信配置示意图

（6）相同间隔复制功能。当存在多个间隔装置功能都一致时，可以只编辑第一个间隔的间隔内装置之间的虚端子连接关系以及装置的硬触点描述，后面的间隔通过间隔复制的方式来创建，并修改新的 IED 名称和描述，间隔复制可以保留间隔内装置之间的虚端子连接关系以及装置内部 DOI 的描述。

2.2 IED 配置文件上传与下装

全站 SCD 文件配置完成后，装置厂商通过配置工具从 SCD 文件中自动导出相关 CID 文件和 IED 过程层配置文件，这两种文件可分开下装。智能变电站发展的早期阶段，过程层配置文件未形成统一规范时，各厂商生成的 IED 过程层虚端子配置文件格式不统一，不同厂商的装置只能用该厂商的私有配置工具进行相关文件下装。

为了满足现场运维规范管理的需要，国家电网公司规范了智能变电站过程层配置文件。在新的标准中规定，通过 CCD 文件来替代厂家各不相同的过程层私有文件。IED 配置工具仅从 SCD 文件中导出 CID 文件和 CCD 文件，并通过相关软件将该文件下装到装置中。

2.2.1 IED 配置文件生成

在过程层配置文件未标准化阶段，各厂家 IED 配置工具互不通用、各有区别，下面以几个厂家的装置配置工具为例，简要介绍 IED 配置文件生成流程。

1. 南瑞继保公司装置

（1）用 SCL Configurator.exe 软件打开 SCD 文件，进行添加插件配置。为避免组播数据的无序发送，降低过程层插件的负载，因此需要进行插件配置。SCL 工具默认不带"插件"内容，需自行添加，如图 2-10 所示。

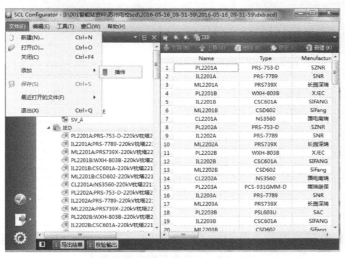

图 2-10 南瑞继保装置添加插件

（2）根据设计图纸新建插件，分配控制块并配置光口。在插件窗口，通过右键"新建插件配置"选项，以 IED 为单位新建插件，将待选插件拖至中间窗口释放。根据全站信息流，将发送、接收控制块按插件分配，将相应的控制块按类别拖至需要发送或者接收的插件中。对于已分配好插件的控制块，直接双击，填写该控制块的光口号，如图 2-11 所示。

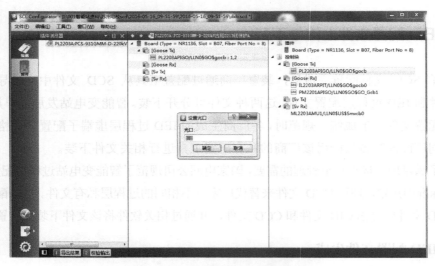

图 2-11　南瑞继保配置光口界面

（3）选择导出 CID 和 Uapc-Goose 文件，如图 2-12 所示，生成 device.cid、goose.txt 等文件。其中 device.cid 文件是所有间隔层设备均需要下装的文件，实现与后台的 MMS 通信，而所有过程层通信设备均需要下装 goose.txt 文件，实现 IED 之间的过程层通信（GOOSE、SV）。

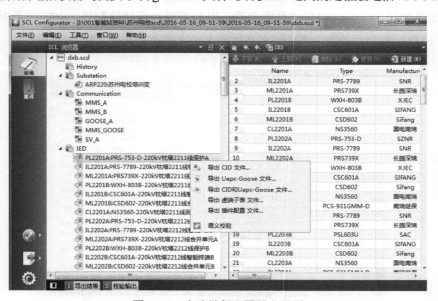

图 2-12　南瑞继保配置导出界面

2. 北京四方公司装置

用 Configuration.bat 软件打开 SCD 文件，导出虚端子配置。以 PL1101A 为例，会生成 PL1101A_G1.ini、PL1101A_M1.ini、PL1101A_S1.cid、PL1101A_new.ini、sys_go_PL1101A.cfg 等文件，如图 2-13 所示。其中 PL1101A_G1.ini、PL1101A_M1.ini 用于 GOOSE 板和 SV 板的配置，实现过程层通信；PL1101A_G1.cid、PL1101A_new.ini、sys_go_PL1101A.cfg 用于装置 Master 板的配置，实现站控层通信。

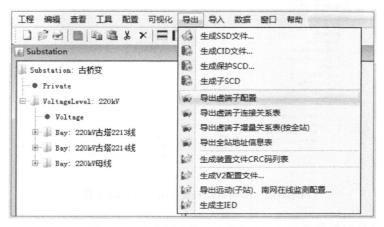

图 2-13　北京四方装置导出虚端子配置

3. 南瑞科技公司装置

（1）配置装置私有信息。选择菜单栏下的编辑 goose.txt 附属信息，在对话框中编辑发送或接收端口，并在相应的控制块编辑界面，输入板卡个数、板卡插槽号及板卡端口号，如图 2-14 所示。编辑 sv.txt 附属信息与 goose.txt 类似。

图 2-14　南瑞科技装置端口配置图

（2）在某 IED 装置处右键点击，选择需生成文件装置，选择导出 SCL 文件，导出 device.cid 文件，选择导出装置配置文件 goose.txt 以及 sv.txt 文件，如图 2–15 所示。其中，device.cid 文件用于建立装置与后台的 MMS 服务，goose.txt、sv.txt 文件用来实现 IED 设备间的通信。

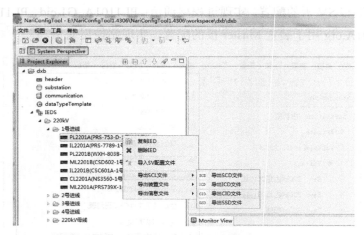

图 2–15　南瑞科技装置导出装置 CID 文件

4. 国电南自公司装置

用 VSCL61850 打开 SCD 文件，选择菜单栏由 SCD 批量导出文件，如图 2–16 所示，导出包含 CPU 文件和 MMI 文件的两个文件夹。

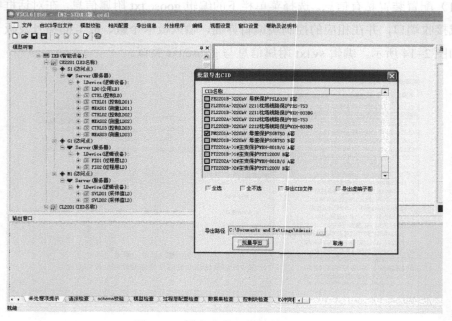

图 2–16　国电南自配置导出示意图

CPU 文件包含 CPU 所需的 GOOSE 和 SV 过程层配置文件。CPU 文件夹下的 gse.xml 为 GOOSE 配置文件；smv.xml 为采样配置文件；smv_goose_cfg_eth0 为压缩包文件，内部包含 gs.xml 和 sv.xml 文件，配置的主要功能为分配报文发送与接收的端口定义，是 CC 板（光口扩展模件）的重要配置。

MMI 文件夹下是导出的 CID 文件，此 CID 文件是经过配置后的装置模型文件，用于建立装置与监控的 MMS 服务。

2.2.2　IED 配置文件下装

下面以几个厂家的配置文件下装软件为例，简要介绍 IED 配置文件下装流程。

1. 南瑞继保公司装置

（1）投入装置检修压板。

（2）打开厂家调试软件连接装置。

（3）点击下载程序，添加文件。以 PCS-931GM 线路保护为例，选择由 SCD 文件导出的该线路保护的 B01_ NR1102D_device.cid 文件与 B07_NR1136A_goose.txt 文件。其中 B01_NR1102D_ device.cid 文件下装到装置的 CPU 板，CPU 板安装在#1 卡槽，则插件槽号为 1，B07_NR1136A_goose.txt 下装到装置的光口板，光口板安装在#7 卡槽，则插件槽号为 7，如图 2-17 所示。

（4）重启装置，完成下装。

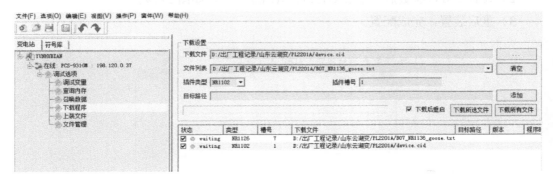

图 2-17　南瑞继保配置文件下装

2. 北京四方公司装置

（1）投入装置检修压板。

（2）Master 板配置下装：

1）打开 FTP 连接装置并登录。

2）图 2-18 中右侧部分"tffsa"是装置 MASTER 的系统目录，左侧是本地服务器目录 61850cfg。使用鼠标左键双击可进入相关路径。把左侧本地电脑中的配置文件传到右侧装置 Master 板中。

3）按住 ctrl 键使用鼠标左键选择需要下装的文件，将左侧 61850cfg 下的所有文件选中即可。

4）传输所选文件，会弹出"传输文件"提示窗口，在弹出的"传输文件"窗口内选择"覆盖"，开始传输配置，传输完毕后断开连接，如图 2-18 所示。

5）重启装置，完成配置。

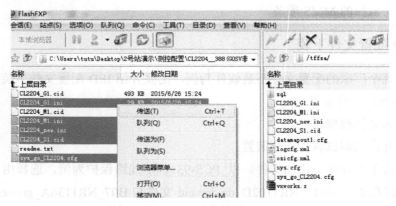

图 2-18　北京四方公司配置文件下装

（3）GOOSE 板、SV 板配置下载：

1）打开 CSPC 软件，输入连接装置。

2）设置 CSPC 参数后，下装 G1.ini、M1.ini 文件，如图 2-19 所示。

3）重启装置，完成配置。

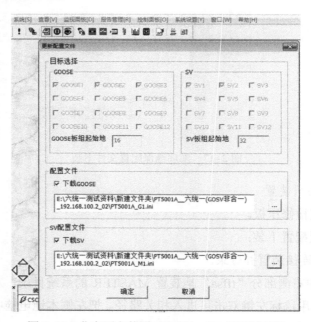

图 2-19　北京四方装置 GOOSE、SV 板配置下装

3. 南瑞科技公司装置

（1）投入装置检修压板。

（2）使用下装软件 ARPTools 连接配置，选择之前生成的 3 个配置文件 device.cid、goose.txt、sv.txt。注意右上角的板卡号 BoardNo，需要填入相对应的板卡所在卡槽号，其中 device.cid 需要下装进 CPU 板，CPU 板安装在#1 卡槽，"BoardNo" 须填写 "1"。goose.txt 和 sv.txt 下装到 GOOSE/SV 光口板，光口板安装在#3 卡槽，"BoardNo" 须填写 "3"。点击 add，将文件分别加入下装列表，如图 2-20 所示。

（3）重启装置，完成配置。

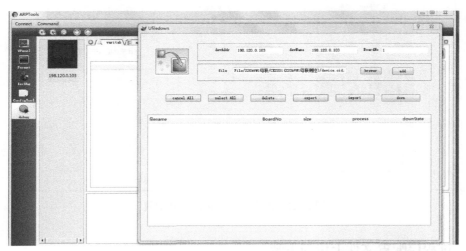

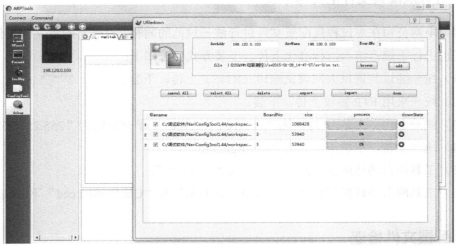

图 2-20　南瑞科技配置文件下装

4. 国电南自公司装置

（1）投入装置检修压板。

（2）打开 sgview.exe，连接通信。

（3）国电南自选用一键式下装，通过 MMI 板的电以太网口实现。选择菜单栏中其他功能中下装配置，进入一键下装界面，选择所有配置文件进行下装，如图 2-21 所示。

（4）重启装置，完成配置。

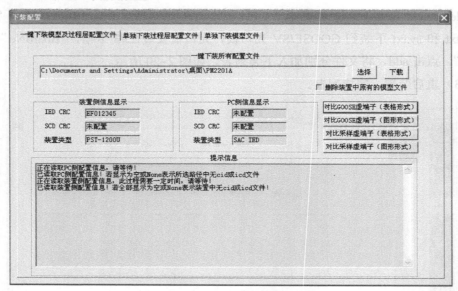

图 2-21　国电南自一键式下装配置

2.2.3　过程层配置文件上传与下装

国家电网公司在对过程层配置文件进行统一规范的同时，对装置配置文件上传、下装方式也进行了规范统一，标准化上传、下装方式要求如下：

（1）统一通过装置以太网调试端口（RJ45）上传、下装。

（2）统一采用 FTP 协议上传、下装。

（3）统一上传、下装 IP 地址为"100.100.100.100"，子网掩码为"255.255.255.0"。

（4）统一上传、下装子目录为"Configuration"。

（5）工具应自动适应文件路径分隔符为"/"或"\"。

（6）工具应自动转换文件名为"Configured.cid"和"Configured.ccd"下装装置。

2.3　配置文件检查

2.3.1　SCD 配置文件检查

在系统 SCD 文件配置结束后，需要对 SCD 文件进行验收检查，具体包含：

（1）文件 SCL 语法合法性检查。主要检查 SCD 文件是否符合 IEC 61850 标准 Schema 定义，是否存在语法错误，如果存在错误，其他厂家 IED 配置工具可能无法解析。

（2）文件模型实例及数据集正确性检查。主要检查文件模型实例与模板是否一致，数据集成员是否是模型中定义的元素，这些错误常常导致 IED 下装后无法正常启动。

（3）IP 地址、组播 MAC 地址、GOOSEID、SMVID、APPID 唯一性检查。主要检查这些与通信密切相关的参数是否唯一，如果不唯一可能导致通信不正常。

（4）VLAN、优先级等通信参数正确性检查。检查 VLAN、优先级是否符合设计要求。

（5）虚端子连接正确性和完整性检查。主要检查虚端子连接模型类型是否匹配，这些错误会导致装置下装后 GOOSE 和 SV 通信关联不正确。

（6）虚端子连接的二次回路描述正确性检查。主要检查 SCD 文件中虚端子的连接是否符合设计单位设计的虚端子图纸。

2.3.2　装置配置文件检查

厂商通过 SCD 文件导出装置配置文件后，需对装置配置文件进行下装验收检查，具体包含：

（1）信号检查：通过系统 SCD 文件导出装置配置文件并导入装置，检查装置是否发出"系统配置错误"或其他报警信号。

（2）调试检查：通过二次调试来检查具体的装置配置文件内容的正确性。

（3）CRC 校验码检查：过程层配置文件标准化之后，配置工具支持为每个 IED 的 CCD 文件计算循环冗余校验码（Cyclic Redundancy Check，CRC），用于单装置 CCD 文件管理，运维人员通过核对 CRC 校验码的方式确认配置文件的正确性。

2.4　交换机配置

2.4.1　配置参数

智能变电站交换机参数配置主要包括基本参数、带宽管理、VLAN 配置、诊断功能等。实际工程配置时很多参数采用默认方式，部分参数根据特殊应用配置，如 GARP 组播注册协议（GARP Multicast Registration Protocol，GMRP）等。

（1）基本参数。主要包括交换机网络参数（IP 地址、子网掩码）、密码、名称、描述等。

（2）带宽管理。通过设置广播报文、组播报文、单播报文的限制流量以及交换机端口的传输速率限制值和最大瞬时流量值，抑制网络风暴。

（3）VLAN 配置。VLAN 应用既可以保证正常信息交互，也能有效隔离无关报文影响。通过对智能变电站中交换机进行合理 VLAN 配置，可以有效缓解 GOOSE、SV 所带来的大量网络负荷，同时清晰的网络分区结构避免了网络风暴的产生。

（4）诊断功能。主要包括镜像功能和告警记录等。端口镜像是把交换机一个或多个端口的数据镜像到另一个或多个端口的方法。对于站控层，将监控主机、数据通信网关机接入口的双向数据镜像至相应端口；对于过程层，将需要监视端口的流入、流出数据转发至相应端口。告警记录功能主要包括电源上电/掉电事件记录、交换机重启事件记录、端口连接/断开事件记录功能等。

（5）GMRP 管理。GMRP 可实现设备间信息交互和设备隔离，与 VLAN 类似，设备可实现动态申请加入某组播组，简化工程配置工作，但对设备技术要求高，且在动态申请过程中出现网络风暴时，存在丢包风险。

2.4.2　在线配置方法

在线配置方法通过笔记本连接交换机，实时在线更新录入配置。下面以 PCS–9882BD 工业以太网交换机为例介绍交换机的在线配置方法，其他厂家的交换机可参考相应的使用说明书。

1. 登录交换机

正常情况下可以采用 3 种方式登录交换机进行设置：CLI 命令行、Telnet、Web Console。

（1）CLI 命令行：应用装置出厂配套的调试线，一端连接于交换机的 Console 端口，另一端连接至计算机的 RS-232 串口。计算机需要设置超级终端（或同类软件）通信参数：波特率 115 200bit/s，数据位 8，停止位 1，无奇偶校验，硬件流控关闭。登录用户名为 admin，密码为 admin。

（2）Telnet：应用装置出厂配套的调试线或普通以太网线，一端连接于交换机的 Console 端口（DEV 端）或后面板上的任意网口（需要保证连接端口的 PVID 为 1 方能正确连接），另一端连接于计算机的以太网口（PC 端），同时需要设置计算机 IP 与装置 IP 在同一网段上。由于出厂默认 IP 均相同，因此，采用 Telnet 方式登录时，如调试线连接到后面板上的任意网口时，需要保证该交换机后面板网口 IP 与同一物理网上其他交换机后面板网口 IP 不冲突。如调试网线连接到 Console 口，则无须考虑交换机 IP 冲突的问题。登录用户名为 admin，密码为 admin。

（3）Web Console：采用 Webserver 方式登录时，装置端口连接及设置要求与 Telnet 方式一致。

在正常情况下，建议使用 Web Console 方式进行登录，下面详细介绍使用 Web Console 方式设置交换机的方法和具体操作步骤。

打开 IE 浏览器，在地址栏中直接输入交换机的 IP 地址，如"192.169.0.82"，然后点击回车进入，如图 2-22 所示。

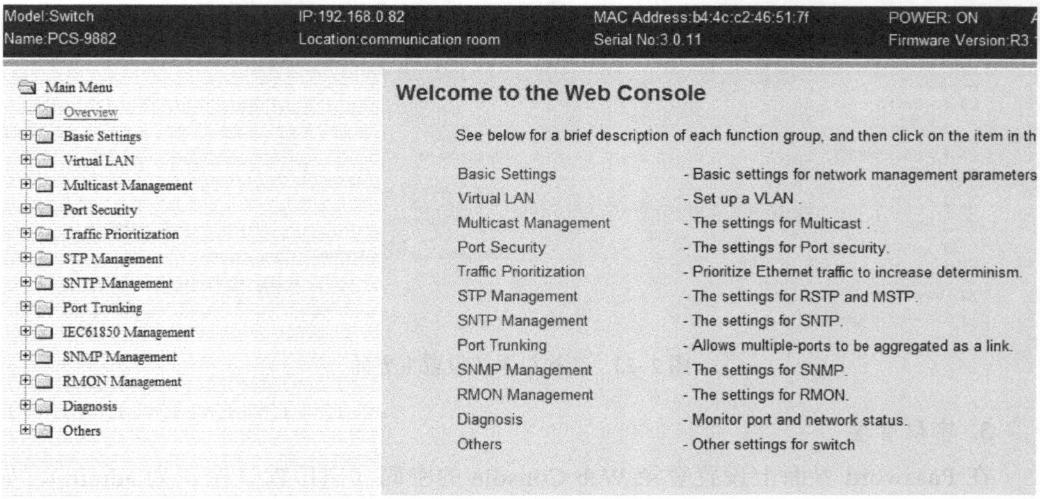

图 2-22　交换机主界面

输入用户名和密码，点击 Login 按钮，可以进入 Web Console 的主界面，如图 2-22 所示。

在页眉上可以看到装置的 IP、MAC、Firmware、Name 等基本信息，所有界面可以在左侧的菜单树中进行选择和切换，主要包括以下部分：

1）Overview：对整个 Web Console 各个界面功能的介绍。

2）Basic Settings：交换机的基本设置项目，其下包括 System、Password、Port、Manage Port、Bandwidth Management、Local Import/Export、Factory default 几个部分。

3）Virtual LAN：VLAN 功能设置。

4）Multicast Management：组播管理功能设置。

5）Port Security：端口安全功能设置。

6）Traffic Prioritization：端口优先级功能设置。

7）STP Management：RSTP 和 MSTP 功能设置。

8）SNTP Management：SNTP 功能设置。

9）Port Trunking：端口汇聚功能设置。

10）SNMP Management：SNMP 功能设置。

11）RMON Management：RMON 功能设置。

12）Diagnosis：端口镜像、事件记录等功能设置。

2. 系统设置

在 System 界面上设置交换机的系统信息，包括交换机名称、描述等，如图 2-23 所示。

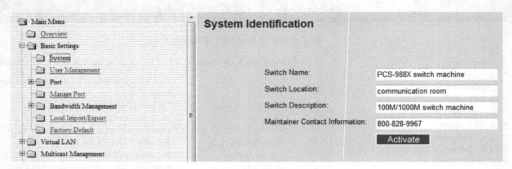

图 2-23　交换机系统设置主界面

3. 密码管理

在 Password 界面上设置登录 Web Console 的密码（出厂默认密码为 admin），如图 2-24 所示。默认提供 2 个用户权限：admin、user。admin：管理员账户；user：用户账户。

选项 admin：具有全部管理功能，用户交换机工作参数等设置。

选项 user：具有浏览功能，可以查阅交换机的工作参数。

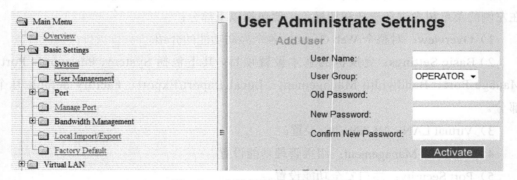

图 2-24　交换机密码配置界面图

4. 端口设置

（1）端口设置。在 Port Settings 界面上设置各端口状态等信息，如图 2-25 所示，可以启用和禁止工作端口、选择端口工作在光口或电口模式、设置端口速率等。

（2）MAC 相关设置。在 MAC Parameters 界面上，设置以下信息，如图 2-26 所示。

1）Switch MAC Address：交换机 CPU 端口的 MAC 地址，更改该选项后交换机会自动重启。

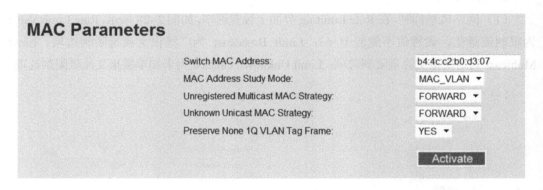

图 2-25 交换机端口设置界面

MAC Parameters

Switch MAC Address:	b4:4c:c2:b0:d3:07
MAC Address Study Mode:	MAC_VLAN ▾
Unregistered Multicast MAC Strategy:	FORWARD ▾
Unknown Unicast MAC Strategy:	FORWARD ▾
Preserve None 1Q VLAN Tag Frame:	YES ▾

Activate

图 2-26 交换机 MAC 配置界面

2）MAC Address Study Mode：交换机 MAC 地址学习方式，更改该选项后交换机会自动重启。选项 MAC_VLAN：按 MAC+VLAN 方式存储并检索 MAC 数据表，默认按该方式工作。选项 MAC：按 MAC 方式存储并检索 MAC 地址表。

3）Unregistered Multicast MAC Strategy：未注册组播地址报文（即未配入静态组播表中也未通过 GMRP 或 IGMP snooping 学习到的组播地址）处理方式选择。选项 FORWARD：转发到除 CPU 端口的所有端口，默认按该方式工作。选项 DROP：直接丢弃。

4）Unknown Unicast MAC Strategy：未注册单播地址报文处理方式选择。选项 FORWARD：转发到除 CPU 端口的所有端口，默认按该方式工作。选项 DROP：直接丢弃。

5. 管理端口设置

在 Network 界面上 Manage Port 栏设置交换机的网络参数,如 IP 地址、子网掩码等,点击 Activate 执行修改,如图 2-27 所示。

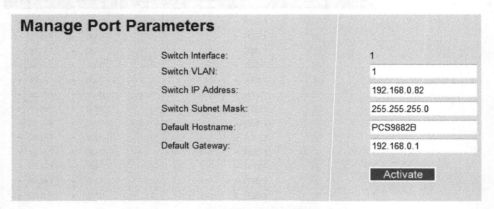

图 2-27　交换机管理端口设置界面示意图

6. 宽带管理

(1) 网络风暴抑制。在 Rate Limiting 界面上设置速率,如图 2-28 所示,Rate Limit Value 为限制流量值,设置值不能低于 63;Limit Broadcast 为广播报文流量限制选项;Limit Multicast 为组播报文流量限制选项;Limit Unknown Unicast 为未知单播报文流量限制选项。

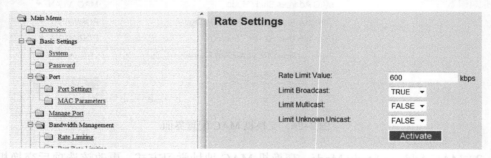

图 2-28　交换机网络风暴抑制配置

(2) 端口流量抑制。在 Port Rate Limiting 界面上设置端口传输速率和瞬时风暴流量,可以对每个端口的输入和输出速率分别进行设置,如图 2-29 所示。

1) Ingress Rate:输入端口速率限制值,默认值 0 表示不对端口流量进行限制。设置值如非 62.5 的倍数将自动转换为 62.5 的倍数并舍弃余数。单位为 kbit/s。

2) Ingress Max Burst:最大瞬时流量值,默认值 0 表示不对端口瞬时流量进行限制。设置值如非 64 的倍数将自动转换为 64 的倍数并舍弃余数。单位为 kbit。在 Ingress Rate 和 Ingress Max Burst 均为非零值时端口输入速率限制有效,否则设置不起作用,端口仍然线速工作。

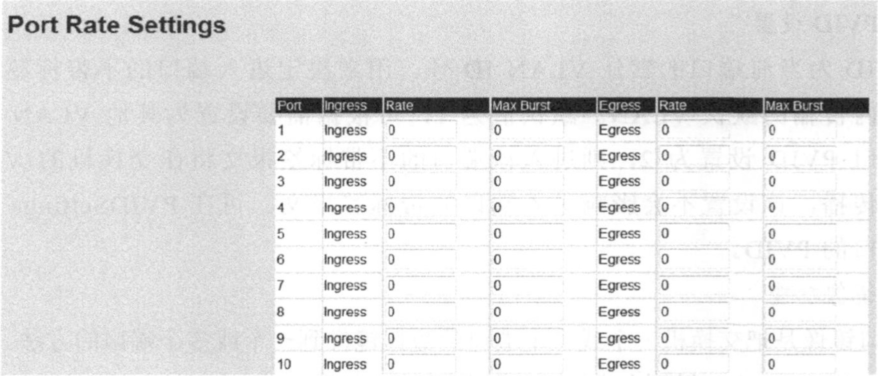

Port Rate Settings

Port	Ingress	Rate	Max Burst	Egress	Rate	Max Burst
1	Ingress	0	0	Egress	0	0
2	Ingress	0	0	Egress	0	0
3	Ingress	0	0	Egress	0	0
4	Ingress	0	0	Egress	0	0
5	Ingress	0	0	Egress	0	0
6	Ingress	0	0	Egress	0	0
7	Ingress	0	0	Egress	0	0
8	Ingress	0	0	Egress	0	0
9	Ingress	0	0	Egress	0	0
10	Ingress	0	0	Egress	0	0

图 2-29　交换机端口流量抑制配置

3）Egress Rate：输出端口速率限制值，默认值 0 表示不对端口流量进行限制。设置值如非 62.5 的倍数将自动转换为 62.5 的倍数并舍弃余数。单位为 kbit/s。

4）Egress Max Burst：最大瞬时流量值，默认值 0 表示不对端口瞬时流量进行限制。设置值如非 64 的倍数将自动转换为 64 的倍数并舍弃余数。单位为 kbit。在 Egress Rate 和 Egress Max Burst 均为非零值时端口输出速率限制有效，否则设置不起作用，端口仍然线速工作。

7. VLAN 配置

在 VLAN Setting 界面上设置 VLAN，如图 2-30 所示，可以按照 VLAN ID 和 Port 两种方式显示已设置 VLAN 列表，VLAN ID 是当前设置 VLAN 的 ID 号，取值范围 1～4095，VLAN ID 等于 1 的 VLAN 为默认设置。PortBitMap 指当前 VLAN ID 包含的端口，复选，不能不选。UntagBitMap 是当前 VLAN ID 包含端口中的无标签端口，根据实际情况设置，可以不选；PortBitMap 中未选中的端口不需要设置。点击 Activat 按钮保存当前设置的 VLAN，设置成功后，会在 VLAN 表中显示。在 VLAN 表中选择要删除的 VLAN，点击"Remove Select"按钮可以删除选中的 VLAN。如果需要编辑已有 VLAN 信息，可以选中 VLAN 表中已经存在的 VLAN ID，通过"Activate"或"Clear"按钮在现有 VLAN 中增加或删除端口（PortBitMap），以及增加或删除无标签端口（UntagBitMap）。

VLAN Settings

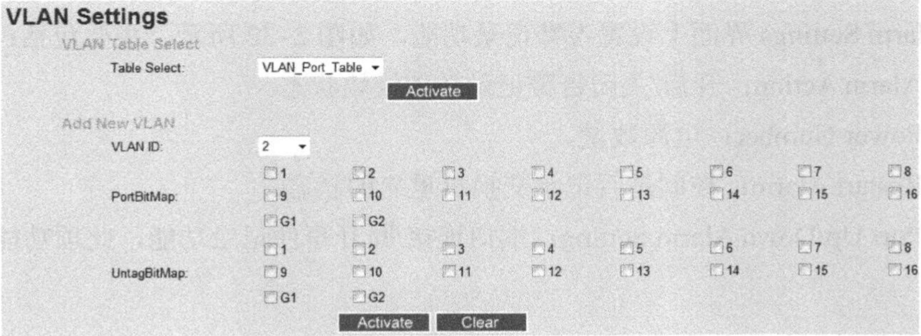

图 2-30　交换机 VLAN 配置界面示意图

8. PVID 设置

PVID 为当前端口的默认 VLAN ID 号，用来决定进入端口的不带标签报文在交换机内传输的默认 VLAN。默认值为 1，可根据需要设置为其他 VLAN 值，例如某端口 PVID 设置为 2，则进入该端口的不带标签报文将在交换机的 VLAN 2 中进行传播，该设置不会影响进入端口的带标签报文。可在 PVIDSettings 界面上设置端口的 PVID。

9. 镜像功能

端口镜像是把交换机一个或多个端口的数据镜像到一个或多个端口的方法。

在 Mirror Setting 界面上设置端口镜像功能，如图 2–31 所示。MPortbitmap 是镜像端口，IngressBitMap 是需要将端口输入流量镜像到 MPortbitmap 的所有端口，不能选择 MPortbitmap 所在的端口。EgressBitMapt 是需要将端口输出流量镜像到 Mirror Port 的所有端口，不能选择 MPortbitmap 所在的端口。

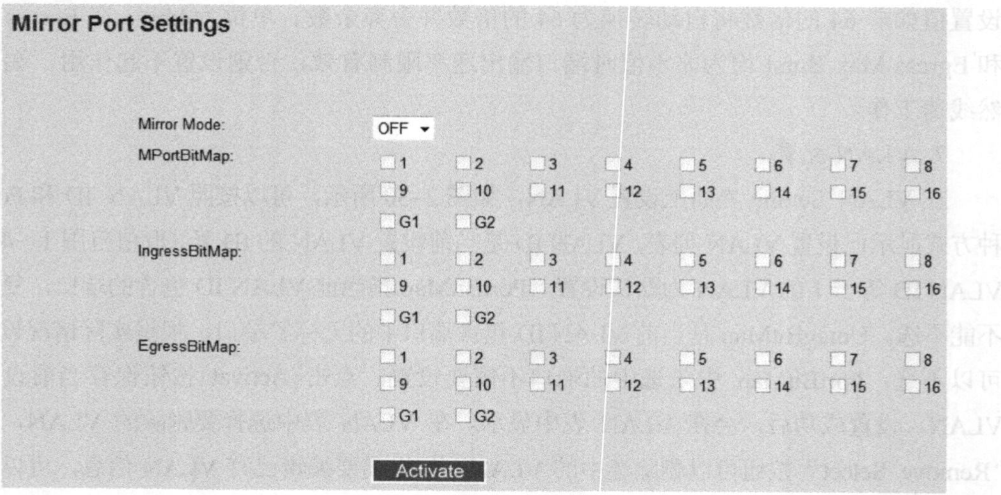

图 2–31　交换机镜像端口设置界面示意图

10. 告警记录功能设置

在 Alarm Settings 界面上设置告警记录功能，如图 2–32 所示，主要包括：

（1）Alarm Action：开启/关闭告警记录功能模块状态。

（2）Power Number：电源数量。

（3）Restart Alarm：控制是否记录交换机重启的状态。

（4）Port Up/Down Alarm Setting：端口连接/断开事件记录功能，此项功能为复选。

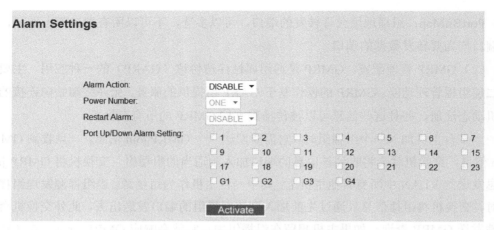

图 2-32　交换机告警功能界面示意图

11. 组播管理

组播数据帧是指目的 MAC 地址为组播地址的报文。PCS 系列工业以太网交换机支持组播数据帧管理功能，支持的管理方式包括静态组播管理、GMRP、互联网组管理协议窥探（Internet Group Management Protocol Snooping，IGMP Snooping）。

（1）静态组播管理配置。采用静态配置的方法控制组播地址在交换机中的转发范围，已配置的条目会在静态组播表中显示，并按配置的端口范围转发。未配置的条目可控制向除 CPU 口以外的所有口转发或不转发。可以在 Static Multicast Group Settings 界面上管理静态组播表，如图 2-33 所示。

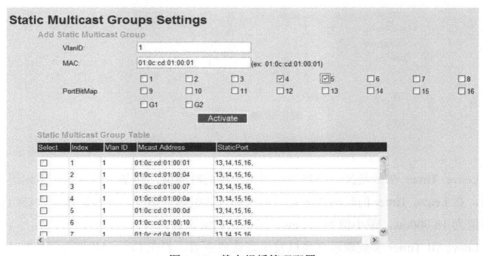

图 2-33　静态组播管理配置

VLAN ID：增加的组播地址所在的 VLAN，默认填 1。

MAC：增加的组播 MAC 地址。注意所增加的地址必须为组播 MAC 地址。

PortBitMap：组播地址允许转发的端口，可以多选，不可以所有端口都不选择，选中端口均为要转发数据的端口。

（2）GMRP 管理配置。GMRP 是通用属性注册协议（GARP）的一种应用，主要提供二层组播管理功能。GMRP 的操作基于 GARP 所提供的服务，允许终端站向连接的交换机动态注册，并且这些信息可以被传播到支持 GMRP 的所有交换机。

当某台主机加入一个组播组时，它需要发送一个 GMRP join 信息。一旦收到 GMRP join 信息，交换机就会将收到该信息的端口加入到适当的组播组。交换机将 GMRP join 信息发送到 VLAN 中所有其他主机上，其中一台主机作为组播源。当组播源发送组播信息时，交换机将组播信息只通过先前加入到该组播组的端口发送出去。此外交换机会周期性发送 GMRP 查询，如果主机想留在组播组中，它就会响应 GMRP 查询，在该情况下，交换机没有任何操作；如果主机不想留在组播组中，它既可以发送一个 leave 信息，也可以不响应周期性 GMRP 查询。一旦交换机在计时器（LeaveAll timer）设定期间收到主机 leave 信息或没有收到响应信息，它便从组播组中删除该主机。

在 GMRP 界面上管理 GMRP 功能的相关参数，如图 2-34 所示。该功能模块在出厂时默认为关闭状态，仅在使用时再通过该选项开启，GMRP State 参数选择 Enable，然后配置 Leave Timer 参数和 LeaveAll Timer 参数。

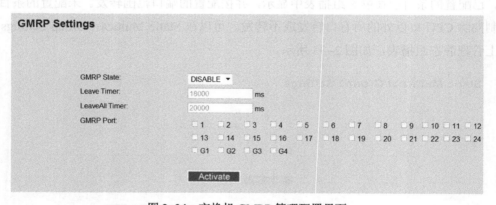

图 2-34　交换机 GMRP 管理配置界面

Leave Timer 参数是某一装置主动退出组播的时间值，即某一装置发出退出组播命令后，在 Leave Timer 的时间内未发出再次加入该组播的命令，则该装置退出该组播。推荐值为 18 000ms，最小值为 600ms，可根据需要设置。

LeaveAll Timer 参数表示交换机发出查询命令后，若在 LeaveAll Timer 参数时间内未收到应答或收到退出命令，则将该装置退出组播域。推荐值为 20 000ms，最小值为 10 000ms，可根据需要设置，LeaveAll Timer 参数应大于 Leave Timer 参数。

（3）IGMP Snooping 管理配置。IGMP Snooping（互联网组管理协议窥探）是运行在二层设备上的组播约束机制,用于管理和控制组播数据帧的转发。运行 IGMPSnooping 的二层设备通过对收到的 IGMP 报文进行分析,为端口和 MAC 组播地址建立起映射关系,并根据这样的映射关系转发组播数据。

IGMP Snooping 和 IGMP 协议一样,两者都用于组播组的管理和控制,它们都使用 IGMP 报文。IGMP 协议运行在网络层,而 IGMP Snooping 则运行在链路层,当二层以太网交换机收到主机和路由器之间传递的 IGMP 报文时,IGMP Snooping 分析 IGMP 报文所带的信息,在二层建立和维护 MAC 表,以后从路由器下发的组播报文就根据 MAC 表进行转发。IGMP Snooping 只有在收到某一端口的 IGMP 离开报文或者某一端口的老化时间定时器超时的时候才会主动向端口发 IGMP 特定组查询报文,除此之外,它不会向端口发任何 IGMP 报文。

可以在 IGMP Snooping 界面上管理静态组播表,如图 2-35 所示。

1)State:设置 IGMP Snooping 功能是否处于工作状态。

2)Mode:设置 IGMP Snooping 功能工作在被动模式或主动模式。选项 PASSIVE:工作于被动模式,该模式下交换机仅被动监视 IGMP 相关报文,不主动下发查询报文。选项 ACTIVE:工作于主动模式,该模式下交换机定时发送 IGMP 查询报文。

3)Query Interval:当 Mode 设置为 ACTIVE 时装置下发查询周期,默认值为 60s。

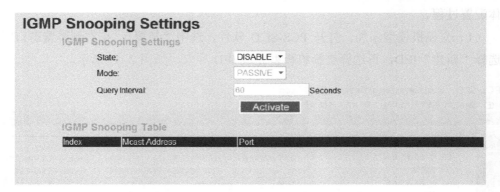

图 2-35　交换机 IGMP Snooping 管理配置界面

2.4.3　离线配置方法

离线配置方法将交换机在 SCD 中建模,VLAN 或静态组播配置与 SCD 制作同步进行,离线完成交换机配置工作。SCD 文件包含发布/订阅关系、交换机配置信息、组网设备端口光纤连接关系等,通过 SCD 工具解析出标准格式文件:交换机配置描述文件(Configured Switch Description,CSD)。这不仅便于交换机配置文件管控,而且方便后期对光纤物理端口的管理。下面以南瑞继保实施工程为例介绍交换机的离线配置方法,其他厂家的交换机可参考相应的使用说明文件。

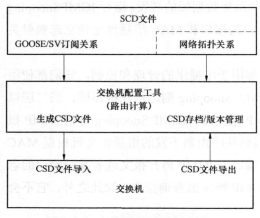

图 2-36 交换机离线配置过程图

1. 交换机离线配置流程

交换机通过导入 CSD 配置文件完成交换机的离线自动配置。交换机也可将当前运行的配置参数以 CSD 文件格式导出。

CSD 配置文件通过解析 SCD 文件自动生成，内容包括 IED 设备订阅关系和网络拓扑关系。CSD 配置文件生成、下装、存档的实现流程如图 2-36 所示。交换机配置工具从 SCD 文件获取 GOOSE/SV 的订阅关系，结合网络拓扑关系（若 SCD 文件中无相应内容则需另外提供）生成 CSD 配置文件，交换机导入 CSD 文件即可完成离线配置。

2. 工程实例

220kV 变电站过程层交换机配置工作主要涉及三部分：220kV 过程层交换机配置、110kV 过程层交换机配置、主变压器间隔过程层交换机配置。工程实例以变电站 220kV 某一间隔过程层交换机配置为例，结合 220kV 线路间隔接收母差保护远跳虚回路，介绍具体配置过程。

（1）交换机模型添加。打开 PCS-SCD 软件，选中"装置"，在右侧装置窗口区右键选择"新建"IED，再选择交换机模型完成 IED 导入，如图 2-37 所示。

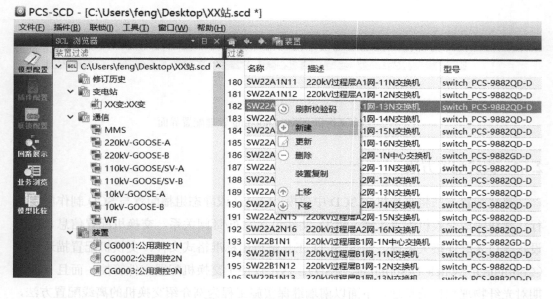

图 2-37 交换机模型添加图

全站所有交换机模型添加完成后，装置列表包含交换机的描述名称、型号、生产厂商、版本信息，220kV 部分交换机列表如图 2–38 所示。

装置

过滤

	名称	描述	型号	生产厂商	配置版本
179	SW22A1N1	220kV过程层A1网-1N中心交换机	switch_PCS-9882GD-D		R1.00
180	SW22A1N11	220kV过程层A1网-11N交换机	switch_PCS-9882QD-D		R1.00
181	SW22A1N12	220kV过程层A1网-12N交换机	switch_PCS-9882QD-D		R1.00
182	SW22A1N13	220kV过程层A1网-13N交换机	switch_PCS-9882QD-D		R1.00
183	SW22A1N14	220kV过程层A1网-14N交换机	switch_PCS-9882QD-D		R1.00
184	SW22A1N15	220kV过程层A1网-15N交换机	switch_PCS-9882QD-D		R1.00
185	SW22A1N16	220kV过程层A1网-16N交换机	switch_PCS-9882QD-D		R1.00
186	SW22A2N1	220kV过程层A2网-1N中心交换机	switch_PCS-9882GD-D		R1.00
187	SW22A2N11	220kV过程层A2网-11N交换机	switch_PCS-9882QD-D		R1.00
188	SW22A2N12	220kV过程层A2网-12N交换机	switch_PCS-9882QD-D		R1.00
189	SW22A2N13	220kV过程层A2网-13N交换机	switch_PCS-9882QD-D		R1.00
190	SW22A2N14	220kV过程层A2网-14N交换机	switch_PCS-9882QD-D		R1.00
191	SW22A2N15	220kV过程层A2网-15N交换机	switch_PCS-9882QD-D		R1.00
192	SW22A2N16	220kV过程层A2网-16N交换机	switch_PCS-9882QD-D		R1.00
193	SW22B1N1	220kV过程层B1网-1N中心交换机	switch_PCS-9882GD-D		R1.00
194	SW22B1N11	220kV过程层B1网-11N交换机	switch_PCS-9882QD-D		R1.00
195	SW22B1N12	220kV过程层B1网-12N交换机	switch_PCS-9882QD-D		R1.00
196	SW22B1N13	220kV过程层B1网-13N交换机	switch_PCS-9882QD-D		R1.00
197	SW22B1N14	220kV过程层B1网-14N交换机	switch_PCS-9882QD-D		R1.00

图 2–38　220kV 部分交换机装置列表图

（2）远跳虚回路接收端口配置。通过 SCD 配置工具，增加线路保护装置接收母差保护远跳虚回路，并完成端口设置。如图 2–39 所示，线路保护装置的 7 板 A 口接收母差保护远跳信号。

PL2201A:220kV顺熙甲线主一保护

GO_PROT:保护GO　　LLN0:LLN0　　下移

	外部信号	外部信号描述	接收端口	内部信号
1	IL2201ARPIT/Q0AXCBR1.Pos.stVal	220kV顺熙甲线主一智能终端/2681开关A相	7-B	GO_PROT/GOINGGIO
2	IL2201ARPIT/Q0BXCBR1.Pos.stVal	220kV顺熙甲线主一智能终端/2681开关B相	7-B	GO_PROT/GOINGGIO
3	IL2201ARPIT/Q0CXCBR1.Pos.stVal	220kV顺熙甲线主一智能终端/2681开关C相	7-B	GO_PROT/GOINGGIO
4	IL2201ARPIT/ProtInGGIO1.Ind1.stVal	220kV顺熙甲线主一智能终端/主一智能终端闭锁重合闸	7-B	GO_PROT/GOINGGIO
5	IL2201ARPIT/ProtInGGIO1.Ind2.stVal	220kV顺熙甲线主一智能终端/主一智能终端开关压力低禁止重...	7-B	GO_PROT/GOINGGIO
6	PM2201APIGO/PTRC10.Tr.general	220kV母线主一保护/支路8_保护跳闸	7-A	GO_PROT/GOINGGIO

图 2–39　220kV 部分交换机装置列表图

（3）PL2201A 间隔交换机端口配置。PL2201A 线路保护装置与间隔交换机的连接配置如图 2–40 所示，保护装置 7 板 A 口连接至过程层 A1 网-11N 交换机的 1-1 口，通过该口接收母线保护远跳信号。

PL2201A:220kV顺熙甲线主一保护

	端口	连接设备	连接端口	线缆标识
1	7-A	SW22A1N11:220kV过程层A1网-11N交换机	1-1	PL2201A:220kV顺熙甲线主一保护组网链路A1
2	7-B			
3	7-C			
4	7-D			
5	7-E			
6	7-F			
7	7-G			
8	7-H			

图 2–40　PL2201A 线路保护装置与间隔交换机连接配置图

（4）220kV 过程层 A1 网-11N 交换机端口配置。如图 2–41 所示，过程层 A1 网-11N 交换机具有 18 个端口（14 个百兆口、4 个千兆口），图中交换机 1-G1 口接收母差保护所在的中心交换机级联转发过来的远跳信号，并且通过 1-1 口转发至线路保护 7 板 A 口。

SW22A1N11:220kV过程层A1网-11N交换机

	端口	连接设备	连接端口	线缆标识
1	1-1	PL2201A:220kV顺熙甲线主一保护	7-A	PL2201A:220kV顺熙甲线主一保护组网链路A1
2	1-2	IL2201A:220kV顺熙甲线主一智能终端	1-A	IL2201A:220kV顺熙甲线主一智能终端组网链...
3	1-3	CL2201:220kV顺熙甲线测控	2-A	CL2201:220kV顺熙甲线测控组网链路A1
4	1-4	PL2203A:220kV世熙甲线主一保护	7-A	PL2203A:220kV世熙甲线主一保护组网链路A1
5	1-5	IL2203A:220kV世熙甲线主一智能终端	1-A	IL2203A:220kV世熙甲线主一智能终端组网链...
6	1-6	CL2203:220kV世熙甲线测控	2-A	CL2203:220kV世熙甲线测控组网链路A1
7	1-7	PE2201A:220kV母联主一保护	7-A	PE2201A:220kV母联主一保护组网链路A1
8	1-8	IE2201A:220kV母联主一智能终端	1-A	IE2201A:220kV母联主一智能终端组网链路A1
9	1-9	CE2201:220kV母联测控	2-A	CE2201:220kV母联测控组网链路A1
10	1-10			
11	1-11			
12	1-12			
13	1-13			
14	1-14			
15	1-G1	SW22A1N1:220kV过程层A1网-1N中心交换机	1-1	220kV过程层A1网11N-1N交换机级联
16	1-G2			
17	1-G3			
18	1-G4			

图 2–41　220kV 过程层 A1 网-11N 交换机端口配置图

（5）220kV 过程层 A1 网-1N 中心交换机端口配置。如图 2–42 所示，过程层 A1 网-1N 中心交换机通过 2-3 口接收母差保护组网发送的远跳信号，并通过 1-G1 级联口转发至间隔交换机 A1 网-11N。

图 2-42　220kV 过程层 A1 网-11N 交换机端口配置图

（6）母差保护端口配置。如图 2-43 所示，母差保护通过 4 板与 5 板 A 口，分别与中心交换机的 2-3 口与 2-4 口相连，母线保护装置 4-A 口发送支路 8 远跳信号，对应 PL2201A 间隔远跳。

图 2-43　母差保护端口配置图

（7）生成 CSD 交换机配置文件。重复步骤（2）～步骤（6），则全站所有交换机的交换机配置工作完成，下一步通过 PCS-SCD 软件导出功能，导出全站交换机 CSD 文件，如图 2-44 所示。

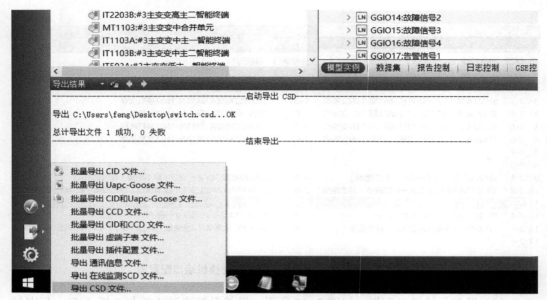

图 2-44　生成 CSD 交换机配置文件图

（8）交换机配置文件上传交换机。步骤（7）导出全站交换机配置文件 swith.csd
文件，该文件可通过 Web 管理上传至过程层的每一台交换机中。交换机根据 swith.csd
文件中的配置信息，自动读取自身需要的配置信息，生成与在线配置方法一样的静态组
播表。

二次设备检修技术

智能变电站由于设备智能化、通信网络化等特点，二次设备试验的对象、内容和方法都发生了较大变化。本章结合智能变电站不同电压等级、不同主接线方式下虚回路特点，详细论述了智能变电站二次安全隔离措施、实施原则与注意事项，简要介绍了智能变电站二次设备通用校验项目与整组检验内容，重点阐述了合并单元、智能终端、继电保护装置的校验内容及方法。

3.1　二次设备检修特点

智能变电站基于 IEC 61850 统一标准化信息建模，采用三层两网架构，过程层中增加了合并单元、智能终端等智能组件，光缆回路取代了常规变电站的电缆回路，相应二次设备检修主要特点如下：

（1）安全隔离措施的变化。各智能装置之间由传统的点对点硬触点信号传输方式变为由 GOOSE、SV、MMS 网络组成的报文传输方式，与之对应的二次回路安全措施也发生了改变。智能变电站在不破坏网络结构的前提下，物理上不能完全将检修设备和运行设备隔离。要实现有效的隔离，只有通过对装置进行各种设置，改变信息发送方和接收方的状态，才能避免误跳运行设备等情况的发生。

（2）测试项目的变化。与常规变电站相比，智能变电站的检修增加了智能设备端口功率测试，合并单元、智能终端、交换机的测试，检修机制的检验等项目。

（3）测试仪器的变化。对应于检修内容的变化，智能变电站中出现了数字化保护测试仪、手持式调试终端（手持式光数字测试仪）、合并单元测试仪、时间同步 SOE 测试仪、智能变电站网络测试仪、光万用表、光功率计等新型测试仪器及工具。

（4）检修机制的变化。常规变电站保护装置和测控装置的检修压板可用于在保护装置进行检修试验时屏蔽软报文和闭锁遥控，不影响保护动作、就地显示和打印等功能，以达到方便检修人员调试维护的目的。智能变电站保护装置的检修压板则可影响相关保护的动作行为。保护、测控、合并单元和智能终端均配置检修压板，检修压板设置的不同对应不同的动作行为。

3.2 二次安全隔离措施

3.2.1 安全隔离技术与措施

1. 安全隔离技术

继电保护和安全自动装置的安全隔离措施一般可采用投入检修压板、退出装置软压板、退出装置出口硬压板以及断开装置间连接光纤等方式，以实现检修装置与运行装置的安全隔离，具体说明如下：

（1）安全隔离方法。

1）检修压板。继电保护装置、安全自动装置、合并单元及智能终端均设有一块检修硬压板。装置将接收到的 GOOSE 报文 Test 位、SV 报文数据品质 Test 位与装置自身检修压板状态进行比较，做"异或"逻辑判断，两者一致时，信号进行处理或参与逻辑运算，两者不一致时则该报文视为无效，不参与逻辑运算。

2）软压板。继电保护装置、安全自动装置通过发送软压板和接收软压板，在逻辑上隔离信号的输出、输入。装置输出信号由保护输出信号和发送压板共同决定，装置输入信号由保护接收信号和接收压板共同决定，通过改变软压板的状态可实现某一路信号的逻辑通断，其中：

a. GOOSE 发送软压板。负责控制本装置向其他智能装置发送 GOOSE 指令。该软压板退出时，不向其他装置发送相应的 GOOSE 指令。

b. GOOSE 接收软压板。负责控制本装置接收来自其他智能装置的 GOOSE 指令。该软压板退出时，本装置对其他装置发送来的相应 GOOSE 指令不作逻辑处理。

c. SV 软压板。负责控制本装置接收来自合并单元的采样值信息。该软压板退出时，相应采样值不参与保护逻辑运算。

3）智能终端出口硬压板。安装于智能终端出口节点与断路器操作回路之间，可作明显断开点，实现相应二次回路的通断。出口硬压板退出时，保护装置无法通过智能终端实现断路器跳闸、合闸。

4）光纤。继电保护、安全自动装置和合并单元、智能终端之间的虚拟二次回路连接均通过光纤实现。断开装置间的光纤能够保证检修装置与运行装置的可靠隔离，可作明显断开点。

（2）安全措施确认方法。

1）"三信息"安全措施核对技术。在检修装置、相关联运行装置及后台监控系统三处核对装置的检修压板、软压板等相关信息，以确认安全措施执行到位。

2）安全措施可视化技术。图形化显示装置检修状态和二次虚回路等的连接状态，为运维人员提供更为直观的状态确认手段。二次虚回路包含但不仅限于软压板状态、交流回路、跳闸回路、合闸回路、启动失灵回路等。

2. 安全措施实施原则

装置校验、消缺等现场检修作业时，应隔离与运行设备相关的采样、跳闸（包括远跳）、合闸、启动失灵、闭锁重合闸等回路，并保证安全措施不影响运行设备的正常运行。其中，在一次设备不停电状态下，合并单元或相关电压、电流回路故障检修工作开展前，应将所有采集该合并单元采样值（电压、电流）的保护装置转信号状态；智能终端检修工作开展前，应将所有采集该智能终端开入量（断路器、隔离开关位置）的保护装置转信号状态；保护装置检修工作开展前，应将该保护装置转信号状态，与之相关的运行设备的对应开入压板（失灵启动压板等）退出。在一次设备停电状态下，相关电压、电流回路或合并单元检修时，必须退出运行中的线路、主变压器、母线保护对应的 SV 压板、开入压板（失灵启动压板、断路器检修压板等）。

（1）单套配置的装置进行校验、消缺等现场检修作业时，需停役相关一次设备；双重化配置的二次设备仅单套设备校验、消缺时，可不停役一次设备，但应防止一次设备失去保护。

（2）断开装置间光纤的安全措施可能造成装置光纤接口使用寿命缩减、试验功能不完整等问题，对于可通过退出发送侧和接收侧两侧软压板以隔离虚回路连接关系的光纤回路，检修作业不宜采用断开光纤的安全措施，对于确实无法通过退软压板来实现安全隔离的光纤回路，可采取断开光纤的安全措施方案，但不得影响其他装置的正常运行。

（3）智能变电站虚回路安全隔离应至少采取双重安全措施，如退出相关运行装置中对应的接收软压板，退出检修装置对应的发送软压板，投入检修装置的检修压板等。

（4）对重要的保护装置，特别是复杂保护装置、有联跳回路以及存在跨间隔 SV、GOOSE 联系的虚回路的保护装置，如母线保护、失灵保护、主变压器保护、安全自动装置等装置的检修作业，应编制继电保护安全措施票并经技术负责人审批。

3. 现场操作注意事项

智能变电站保护装置、安全自动装置、合并单元、智能终端、交换机等智能设备故障或异常时，运维人员应及时检查现场情况，判断影响范围，根据现场需要采取变更运行方式、投退相关保护、停役相关一次设备等措施，并在现场运行规程中细化、明确。

（1）装置异常处理原则。

1）合并单元、采集单元异常或故障时一般不单独投退，应根据影响程度确定相应保护装置的投退。

a. 双重化配置的合并单元、采集单元单台校验、消缺时，可不停役相关一次设备，但应退出对应的线路保护、母线保护等接收该合并单元、采集单元采样值信息的保护装置。

b. 单套配置的合并单元、采集单元校验、消缺时，需停役相关一次设备。

c. 一次设备停役，合并单元、采集单元校验、消缺时，应退出对应的线路保护、母线保护等相关装置内该间隔的软压板（如母线保护内该间隔投入软压板、SV 接收软压板等）。

d. 母线合并单元（采集单元）校验、消缺时，相关保护按母线电压异常处理。

2）智能终端可单独投退，也可根据影响程度确定相应保护装置的投退。

a. 双重化配置的智能终端单台校验、消缺时，可不停役相关一次设备，但应退出该智能终端出口压板，退出重合闸功能，同时根据需要退出受影响的相关保护装置。

b. 单套配置的智能终端校验、消缺时，需停役相关一次设备，同时根据需要退出受影响的相关保护装置。

3）保护装置和安全自动装置异常或故障时，应退出相应保护装置的相关软压板，当无法通过退软压板停用保护时，应采取其他措施，但不得影响其他保护设备的正常运行。

4）网络交换机异常或故障时一般不单独投退，可根据影响程度确定相应保护装置的投退。

5）双重化配置的二次设备中，单一装置异常时，现场应急处置可参照以下执行：

a. 保护装置异常时，投入装置检修压板，重启一次。

b. 智能终端异常时，退出出口硬压板，投入装置检修压板，重启一次。

c. 间隔合并单元异常时，相关保护退出（改信号）后，投入合并单元检修压板，重启一次。

d. 网络交换机异常时，现场重启一次。

上述装置重启后，若异常消失，将装置恢复到正常运行状态；若异常未消失，应保持该装置重启时状态，并申请停役相关二次设备，必要时申请停役一次设备。各装置操作方式及注意事项应在现场运行规程中细化明确。

（2）安全措施执行注意事项。

1）检修压板操作原则：

a. 操作保护装置检修压板前，应确认保护装置处于信号状态，且与之相关的运行保护装置（如母线保护、安全自动装置等）二次回路的软压板（如启动失灵软压板等）已退出。

b. 在一次设备停役时，操作间隔合并单元检修压板前，需确认相关保护装置 SV 软压板已退出，特别是仍在运行的装置；在一次设备不停役时，应在相关保护装置处于信号或停用后，方可投入该合并单元检修压板。对于母线合并单元，在一次设备不停役时，应先按母线电压异常处理、根据需要申请变更相应保护运行方式后，方可投入该合并单元检修压板。

c. 在一次设备停役时，操作智能终端检修压板前，应确认相关线路保护装置的"边（中）断路器置检修"软压板已投入（若有）；在一次设备不停役时，应先确认该智能终端出口硬压板已退出，并根据需要退出保护重合闸功能、投入母线保护对应隔离开关强制软压板后，方可投入该智能终端检修压板。

d. 操作保护装置、合并单元、智能终端等检修压板后，应查看装置指示灯、报文或开入变位等情况，同时核查相关运行装置是否出现非预期信号，确认正常后方可进行后续操作。

2）典型安全措施执行顺序。一次设备停役时，如需退出继电保护系统，宜按以下顺序进行操作：

a. 退出该间隔智能终端出口硬压板。

b. 退出该间隔保护装置中跳闸、合闸、启动失灵等 GOOSE 发送软压板。

c. 退出相关运行保护装置中该间隔 GOOSE 接收软压板（如启动失灵等）。

d. 退出相关运行保护装置中该间隔 SV 软压板或间隔投入软压板。

e. 投入该间隔保护装置、智能终端、合并单元检修压板。

一次设备复役时，继电保护系统投入运行，宜按以下顺序进行操作：

a. 退出该间隔合并单元、保护装置、智能终端检修压板。

b. 投入相关运行保护装置中该间隔 SV 软压板。

c. 投入相关运行保护装置中该间隔 GOOSE 接收软压板（如启动失灵、间隔投入等）。

d. 投入该间隔保护装置跳闸、重合闸、启动失灵等 GOOSE 发送软压板。

e. 投入该间隔智能终端出口硬压板。

3.2.2 500kV 系统相关二次设备典型安全措施

以 500kV 智能变电站的主变压器保护为例，500kV 部分为 3/2 接线方式，采用传统电流互感器、电压互感器经合并单元 SV 直采、GOOSE 直跳模式，该主变压器保护典型二次回路及网络联系示意图，如图 3-1 所示。

1. 一次设备停电状态下，500kV 主变压器间隔校验安全措施（含边、中断路器保护）

（1）退出对应 500kV 母线保护内该间隔 SV 接收软压板、GOOSE 启动失灵接收软压板。

（2）退出 220kV 母线保护内该间隔 SV 接收软压板、GOOSE 启动失灵接收软压板，投入母线保护内该间隔的隔离开关强制软压板。

（3）退出同串运行间隔保护内该中断路器 SV 接收软压板。

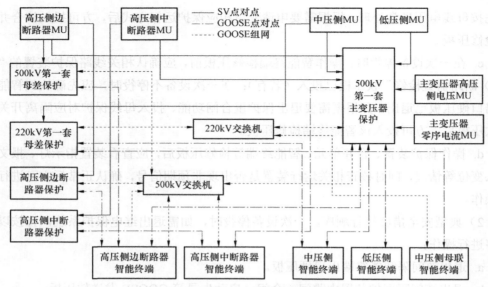

图 3-1 500kV 主变压器保护网络联系图

（4）退出该 500kV 主变压器保护内 220kV 侧 GOOSE 启动失灵发送软压板。

（5）退出边断路器保护内至 500kV 母线保护 GOOSE 启动失灵发送软压板。

（6）退出中断路器保护内至运行设备（如同串运行间隔的保护、智能终端）GOOSE 启动失灵、出口软压板。

（7）投入 500kV 主变压器保护、边断路器保护、中断路器保护、各侧合并单元及智能终端检修压板。

（8）在合并单元端子排将电流互感器回路短接退出，电压互感器回路断开。

2. 一次设备停电状态下，500kV 主变压器间隔与相关保护失灵回路传动试验安全措施

（1）退出同串运行间隔中第一套保护内中断路器 SV 接收软压板。

（2）退出对应 500kV 第一套母线保护内运行间隔 GOOSE 发送软压板，投入该母线保护检修压板。

（3）退出 220kV 第一套母线保护内运行间隔 GOOSE 发送软压板、失灵联跳软压板，投入该母线保护检修压板。

（4）退出该 500kV 第一套主变压器保护至运行设备（如 220kV 母联/分段智能终端）GOOSE 出口软压板。

（5）退出该中断路器第一套保护内至运行设备 GOOSE 启动失灵软压板。

（6）投入 500kV 第一套主变压器保护、边断路器保护、中断路器保护及各侧合并单元、智能终端检修压板。

（7）在合并单元端子排将电流互感器回路短接退出，电压互感器回路断开。

3. 一次设备不停电情况下，500kV 主变压器间隔装置缺陷处理安全措施

（1）主变压器保护缺陷处理安全措施：

1）退出 500kV 第一套主变压器保护 GOOSE 启动失灵、出口软压板，投入装置检修压板。

2）退出 220kV 第一套母线保护该间隔 GOOSE 失灵接收软压板。

3）如有需要可取下 500kV 第一套主变压器保护背板光纤。

（2）断路器保护缺陷处理安全措施（以边断路器第一套保护为例）：

1）退出 500kV 第一套母线保护内该断路器保护 GOOSE 启动失灵接收软压板。

2）退出 500kV 第一套主变压器保护内该断路器保护 GOOSE 失灵联跳接收软压板。

3）退出第一套边断路器保护 GOOSE 出口软压板、启动失灵软压板，投入该装置检修压板。

4）如有需要可取下边断路器第一套保护背板光纤。

（3）合并单元缺陷处理安全措施。合并单元缺陷处理时，申请停役相关受影响的保护，必要时申请停役一次设备。

（4）智能终端缺陷处理安全措施（以边断路器第一套智能终端为例）：

1）退出边断路器第一套保护 GOOSE 出口软压板、启动失灵软压板。

2）退出该智能终端出口硬压板，投入装置检修压板。

3）如有需要可取下该智能终端背板光纤。

3.2.3 220kV 系统相关二次设备典型安全措施

以 220kV 智能变电站的线路保护为例，220kV 部分一次接线为双母线方式，采用常规电流互感器、电压互感器经合并单元 SV 直采、GOOSE 直跳模式，其典型网络联系示意图如图 3-2 所示。

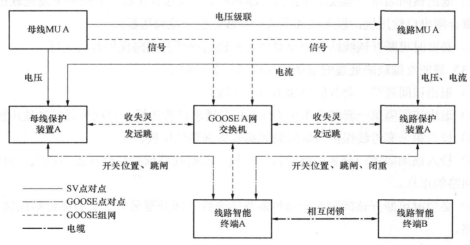

图 3-2　220kV 线路保护网络联系图

1. 一次设备停电情况下，线路间隔校验安全措施

（1）退出 220kV 第一套母线保护该间隔 SV 接收软压板、GOOSE 失灵接收软压板。

（2）退出该间隔第一套线路保护 GOOSE 发送软压板、GOOSE 启动失灵发送软压板。

（3）投入该间隔第一套合并单元、线路保护及智能终端检修压板。

（4）在该间隔第一套合并单元端子排处将电流互感器回路短接退出，电压互感器回路或链路断开。

2. 一次设备停电情况下，线路保护与母线保护失灵、远跳回路试验时的安全措施

（1）退出 220kV 第一套母线保护内运行间隔的 SV 接收软压板、GOOSE 出口发送软压板、失灵联跳软压板、GOOSE 接收失灵软压板，投入该母线保护检修压板。

（2）投入该间隔第一套线路保护、智能终端、合并单元检修压板。

（3）在该间隔第一套合并单元端子排处将电流互感器回路短接退出，电压互感器回路断开。

3. 一次设备不停电情况下，线路间隔装置缺陷处理安全措施

（1）合并单元缺陷处理安全措施（以第一套为例）：

1）合并单元缺陷时，申请停役相关受影响的保护，必要时申请停役该间隔一次设备。

2）该间隔第一套智能终端出口硬压板退出。

3）在该间隔第一套合并单元端子排处将电流互感器回路短接退出，电压互感器回路断开。

（2）线路保护缺陷处理安全措施（以第一套为例）：

1）退出 220kV 第一套母线保护该间隔 GOOSE 失灵接收软压板。

2）退出该间隔第一套线路保护内 GOOSE 出口发送软压板、启动失灵发送软压板、闭锁重合闸出口软压板，投入该间隔第一套线路保护检修压板。

3）必要时可断开该线路保护至对侧光差通道光纤及线路保护背板光纤。

（3）智能终端缺陷处理安全措施（以第一套为例）：

1）退出该间隔第一套智能终端出口硬压板。

2）退出该间隔第一套线路保护 GOOSE 发送出口软压板、启动失灵发送软压板。

3）投入第一套母线保护内该间隔隔离开关强制软压板。

4）投入该间隔第一套智能终端检修压板。此时线路保护检修压板不投入，可确保远跳回路的正常。

5）必要时可断开该间隔第一套智能终端光纤、断开至另外一套智能终端闭锁重合闸回路。

隔离开关开入核对和出口传动试验前，需退出该套母线保护所有运行间隔的 SV 接

收软压板、GOOSE 出口软压板和失灵联跳软压板，投入母线保护检修压板；退出线路保护接收母线保护远跳的 GOOSE 接收软压板（线路保护无 GOOSE 接收软压板时，只需退掉母线保护跳对应支路的 GOOSE 发送软压板），投入线路保护检修压板，拔掉线路保护至对侧的光差通道光纤。

3.2.4　110kV 系统相关二次设备典型安全措施

110kV 智能变电站中，当合并单元、智能终端、保护装置采用单套配置时，合并单元、智能终端、保护装置检修或者缺陷处理时相关一次设备需停电。以 110kV 智能变电站（内桥接线）主变压器保护以及备自投装置为例，采用常规电流互感器、电压互感器经合并单元采样模式。

1. 内桥接线方式下主变压器保护检修或缺陷处理安全措施

内桥接线 110kV 主变压器保护典型网络联系示意图如图 3-3 所示。

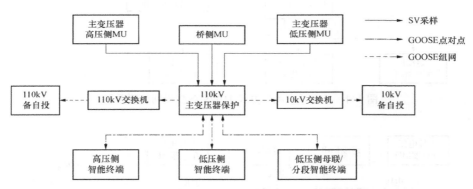

图 3-3　内桥接线 110kV 主变压器保护网络联系图

主变压器保护单套配置时，一般主变压器差动保护、后备保护单独配置，且差动保护、后备保护各自配置合并单元、智能终端。

（1）保护校验时相关一次设备需停电，典型安全措施如下：

1）退出主变压器保护 GOOSE 发送软压板（包括 GOOSE 出口发送软压板，GOOSE 闭锁备投发送软压板及其他联跳回路）。

2）投入主变压器保护、合并单元、智能终端检修压板。

3）在合并单元端子排处将电流互感器回路短接退出，电压互感器回路或链路断开。

（2）主变压器保护缺陷处理时，以主变压器差动保护缺陷处理为例，则一次设备无须停电，典型安全措施如下：

1）退出主变压器差动保护 GOOSE 发送软压板（包括 GOOSE 出口发送软压板、GOOSE 闭锁备投发送软压板及其他联跳回路）。

2）退出主变压器保护高压侧 SV 接收软压板。

3）退出主变压器保护桥侧 SV 接收软压板。

4）退出主变压器低压侧 SV 接收软压板。

5）投入主变压器保护的检修压板。

6）必要时可取下主变压器差动保护背板光纤。

2. 110kV 备自投装置校验及缺陷处理安全措施

110kV 备自投装置主要有"直采直跳"和"网采网跳"两种方式，"直采直跳"典型网络联系如图 3-4 所示，"网采网跳"典型网络联系如图 3-5 所示。

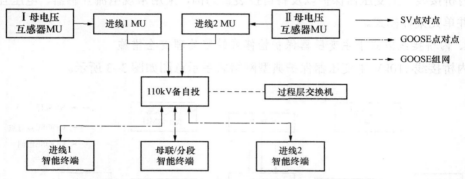

图 3-4 "直采直跳"方式 110kV 备自投网络联系图

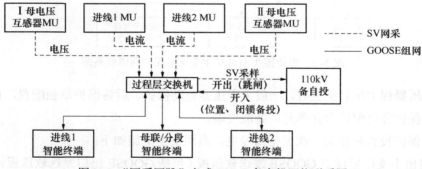

图 3-5 "网采网跳"方式 110kV 备自投网络联系图

110kV 备自投装置检修及缺陷处理，一次设备不停电情况下安全措施：

1）退出备自投装置内 GOOSE 发送出口软压板（包括跳进线 1 出口软压板、合进线 1 出口软压板、跳进线 2 出口软压板、合进线 2 出口软压板、合母联出口软压板、联切出口软压板）。

2）退出备自投装置 SV 接收软压板。

3）投入备自投装置检修压板。

4）必要时可取下该备自投装置背板光纤。

3.3　通用项目检验

通用检验适用于继电保护及相关设备，如电子式互感器、合并单元、保护设备、交换机、智能终端等。检验项目包括屏柜检查、设备工作电源检查、设备通信接口检查、设备软件和通信报文检查。

3.3.1　屏柜检查

（1）检验内容及要求：

1）检查屏柜内是否有螺栓松动，是否有机械损伤，是否有烧伤现象；小开关、按钮是否良好；检修硬压板接触是否良好。

2）检查装置接地，应保证装置背面接地端子可靠接地；检查接地线是否符合要求，屏柜内导线是否符合规程要求。

3）检查屏内的电缆是否排列整齐，是否交叉，是否固定牢固，不应使所接的端子排受到机械应力，标识是否正确齐全。

4）检查光纤是否连接正确、牢固，有无光纤损坏、弯折现象；检查光纤接头是否完全旋进或插牢，无虚接现象；检查光纤标号是否正确。

5）检查屏内各独立装置、继电器、切换把手和压板标识是否正确齐全，且其外观无明显损坏。

（2）检验方法。打开屏柜前后门，观察待检查设备的外观。打开面板检查继电器模件时，操作人员须采取防静电措施。

3.3.2　设备工作电源检查

（1）检验内容及要求：

1）正常工作状态下检验：装置正常工作。

2）110%额定工作电压下检验：装置稳定工作。

3）80%额定工作电压下检验：装置稳定工作。

4）电源自启动试验：合上直流电源插件上的电源开关，将试验直流电源由 0 缓慢调至 80%额定电压值，此时装置运行灯应点亮，装置无异常。

5）直流电源拉合试验：在 80%额定电压下拉合三次直流工作电源，逆变电源可靠启动，保护装置不误动，不误发信号。

6）装置断电恢复过程中无异常，通电后工作稳定正常。

7）在装置上电/掉电瞬间，装置不应发异常数据，继电器不应误动作。

（2）检验方法。将装置接入直流电源，并调节直流电源电压。

3.3.3 设备通信接口检查

（1）检验内容及要求：

1）检查通信接口种类和数量是否满足要求，检查光纤端口发送与接收功率、最小接收功率。

2）光波长 1310nm 光纤：光纤发送功率：−20～−14dBm；光接收功率：−31～−14dBm。

3）光波长 850nm 光纤：光纤发送功率：−19～−10dBm；光接收功率：−24～−10dBm。

4）清洁光纤端口，并检查备用接口有无防尘帽。

（2）检验方法：

1）光纤端口发送功率测试方法。用尾纤（衰耗小于 0.5dB）连接设备光纤发送端口和光功率计接收端口，读取光功率计上的功率值，如图 3−6 所示，即为光纤端口的发送功率。

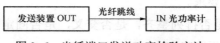

图 3−6 光纤端口发送功率检验方法

2）光纤端口接收功率测试方法。将待测设备光纤接收端口的尾纤拔下，插入到光功率计接收端口，读取光功率计上的功率值，如图 3−7 所示，即为光纤端口的接收功率。

图 3−7 光纤端口接收功率检验方法

3）光纤端口最小接收功率测试方法：

a. 用尾纤连接数字信号输出仪器（如数字继电保护测试仪）的输出光口与光衰耗计，再用尾纤连接光衰耗计和待测设备的对应光口，如图 3−8 所示。数字继电保护测试仪光口输出报文包含有效数据（采样值报文数据为额定值，GOOSE 报文为开关位置）。

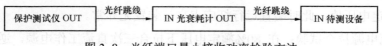

图 3−8 光纤端口最小接收功率检验方法

b. 从 0 开始缓慢增大调节光衰耗计衰耗，观察待测设备液晶面板（指示灯）或光口指示灯。优先观察液晶面板的报文数值显示；如设备液晶面板不能显示报文数值，观察液晶面板的通信状态显示或通信状态指示灯；如设备面板没有通信状态显示，观察通信光口的物理连接指示灯。

c. 当上述显示出现异常时，停止调节光衰耗计，将待测设备光口尾纤接头拔下，接至光功率计，读出此时的功率值，即为待测设备网口的最小接收功率。

3.3.4 设备软件和通信报文检查

（1）检验内容及要求：

1）检查设备保护程序/通信程序/CID 文件版本号、生成时间、CRC 校验码，应与历史文件比对，核对无误。

2）检查设备过程层网络接口 SV 和 GOOSE 通信目的 MAC 地址、VLAN ID、APPID、优先级是否正确。

3）检查设备站控层 MMS 通信的 IP 地址、子网掩码是否正确，检查站控层 GOOSE 通信的目的 MAC 地址、VLAN ID、APPID、优先级是否正确。

4）检查 GOOSE 报文的时间间隔，首次触发时间 T_1 宜不大于 2ms，心跳时间 T_0 宜为 1～5s；检查 GOOSE 存活时间，应为当前 2 倍 T_0 时间；检查 GOOSE 的 StNum、SqNum。

（2）检验方法：

1）现场故障录波器/网络报文监视分析仪的接线和调试完成，也可通过故障录波器/网络记录分析仪抓取通信报文的方法来检查相关内容。

2）设备液晶面板能够显示上述检查内容，则通过液晶面板读取相关信息。

3）液晶面板不能显示检查内容，则通过计算机抓取通信报文的方法来检查相关内容，如图 3-9 所示，将计算机与待测设备连接好后，抓取需要检查的通信报文并进行分析。

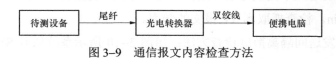

图 3-9　通信报文内容检查方法

3.4　合并单元检验

合并单元主要检验项目包括发送 SV 报文检验、失步再同步性能检验、检修状态测试、电压切换功能检验、电压并列功能检验、准确度检验和传输延时测验。

3.4.1 发送 SV 报文检验

（1）检验内容及要求。

1）SV 报文丢帧率测试：检验 SV 报文的丢帧率，10min 内不丢帧。

2）SV 报文完整性测试：检验 SV 报文中序号的连续性，SV 报文的序号应从 0 连续增加到 50N–1（N 为每周波采样点数），再恢复到 0，任意相邻两帧 SV 报文的序号应连续。

3）SV 报文发送频率测试：80 点采样时，SV 报文应每一个采样点一帧报文，SV 报文的发送频率应与采样点频率一致，即 1 个 APDU 包含 1 个 ASDU。

4）SV 报文发送间隔离散度检查：检验 SV 报文发送间隔是否等于理论值，测出的间隔抖动应在±10μs 之内。

5）SV 报文品质位检查：在互感器工作正常时，SV 报文品质位应无置位；在互感器工作异常时，SV 报文品质位应不附加任何延时正确置位。

（2）检验方法。将合并单元输出 SV 报文接入网络记录分析仪、故障录波器等具有 SV 报文接收和分析功能的装置，如图 3–10 所示，进行 SV 报文的检验。

图 3–10　MU 发送 SV 报文测试图

1）SV 报文丢帧率测试方法：用图 3–10 所示系统抓取 SV 报文并进行分析，试验时间大于 10min。丢帧率计算公式为

丢帧率= (应该接收到的报文帧数–实际接收到的报文帧数) /应该接收到的报文帧数

2）SV 报文完整性测试方法：用图 3–10 所示系统抓取 SV 报文并进行分析，试验时间大于 10min，检查抓取到 SV 报文的序号。

3）SV 报文发送频率测试方法：用图 3–10 所示系统抓取 SV 报文并进行分析，试验时间大于 10min，检查抓取到 SV 报文的频率。

4）SV 报文发送间隔离散度检查方法：用图 3–10 所示系统抓取 SV 报文并进行分析，试验时间大于 10min，检查抓取到 SV 报文的发送间隔离散度。

5）SV 报文品质位检查方法。在无一次电流或电压时，SV 报文数据应为白噪声序列，且互感器自诊断状态位无置位；在施加一次电流或电压时，互感器输出应为无畸变波形，且互感器自诊断状态位无置位。断开互感器本体与合并单元的光纤，SV 报文品质位（错误标）应正确置位。当异常消失时，SV 报文品质位（错误标）应无置位。

3.4.2　失步再同步性能检验

（1）检验内容及要求。检查合并单元失去同步信号再获得同步信号后，合并单元传输 SV 报文的误差。在该过程中，SV 报文抖动时间应小于 10μs（每周波采样 80 点）。

（2）检验方法。将合并单元的外部对时信号断开，过 10min 再将外部对时信号接上。通过图 3-10 系统进行 SV 报文的记录和分析。

3.4.3 检修状态测试

（1）检验内容及要求。合并单元发送 SV 报文检修品质应能正确反映合并单元装置检修压板的投退。当检修压板投入时，SV 报文中的"Test"位应置 1，装置面板应有显示；当检修压板退出时，SV 报文中的"Test"位应置 0，装置面板应有显示。

（2）检验方法。投退合并单元装置检修压板，通过图 3-10 所示系统抓取 SV 报文并分析"Test"是否正确置位，通过装置面板观察。

3.4.4 电压切换功能检验

（1）检验内容及要求。合并单元可通过 GOOSE 通信或本地开入模块采集断路器和隔离开关等位置信号，提供多种电压切换方式。双母线接线的间隔合并单元电压切换推荐采用表 3-1 所示逻辑，检验合并单元的电压切换功能是否正常也以此为标准。

表 3-1　　　　　　　　　　　　间隔 MU 电压切换逻辑

序号	Ⅰ母隔离开关		Ⅱ母隔离开关		母线电压输出	报警说明
	合	分	合	分		
1	0	0	0	0	保持	
2	0	0	0	1	保持	
3	0	0	1	1	保持	延时 1min 以上报警"隔离开关位置异常"
4	0	1	0	0	保持	
5	0	1	1	1	保持	
6	0	0	1	0	Ⅱ母电压	
7	0	1	1	0	Ⅱ母电压	—
8	1	0	1	0	Ⅰ母电压	报警"同时动作"
9	0	1	0	1	电压输出为 0，状态有效	报警"同时返回"
10	1	0	0	1	Ⅰ母电压	—
11	1	1	1	0	Ⅱ母电压	延时 1min 以上报警"隔离开关位置异常"
12	1	0	0	0	Ⅰ母电压	
13	1	0	1	1	Ⅰ母电压	
14	1	1	0	0	保持	
15	1	1	0	1	保持	
16	1	1	1	1	保持	

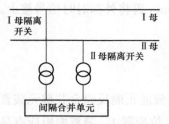

图 3-11 MU 电压切换功能检验

（2）检验方法。在母线电压合并单元上分别施加 50V 和 40V 两段母线电压，母线电压合并单元与间隔合并单元级联。如图 3-11 所示，模拟 I 母和 II 母隔离开关位置，按照间隔合并单元电压切换逻辑表依次变换信号，在光数字万用表上观察间隔合并单元输出的 SV 报文中母线电压通道的实际值，并依此判断切换逻辑。观察在隔离开关为同分或者同合的情况下，间隔合并单元的告警情况。

3.4.5 电压并列功能检验

（1）检验内容及要求。母线合并单元可通过 GOOSE 通信或本地开入模件采集断路器和隔离开关等位置信号，提供多种电压并列方式。双母线接线的母线合并单元电压并列推荐采用表 3-2 所示逻辑，检验合并单元的电压并列功能是否正常也以此为标准。

表 3-2 母线合并单元电压并列逻辑

命令信号		母联位置	I 母电压互感器并列后电压	II 母电压互感器并列后电压
I 母强制用 II 母	II 母强制用 I 母			
0	0	X	I 母	II 母
0	1	合位	I 母	I 母
0	1	分位	I 母	II 母
0	1	00 或 11（无效位置）	保持	保持
1	0	合位	II 母	II 母
1	0	分位	I 母	II 母
1	0	00 或 11（无效位置）	保持	保持
1	1	合位	保持	保持
1	1	分位	I 母	II 母
1	1	00 或 11（无效位置）	保持	保持

注 X 表示无论母联隔离开关处于任何位置。

（2）检验方法。母线合并单元在实际系统中接线方式如图 3-12 所示，测试时，用测试仪给母线电压合并单元加入两组不同的母线电压，然后施加母联断路器位置信号，分别切换母线合并单元把手至"I 母强制用 II 母"或"II 母强制用 I 母"状态，查看报文中的 I 母、II 母电压。

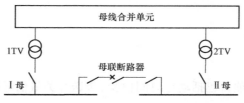

图 3-12   MU 电压并列功能检验

3.4.6 准确度检验

（1）检验内容及要求：

1）检验常规采集合并单元的准确度、线性度、零漂和极性。

2）合并单元采集的用于测量的交流模拟量准确度、用于保护的交流模拟量幅值误差、交流模拟量的相位误差应满足相关规程要求。

3）检验多台合并单元之间的同步性，额定值下的多台合并单元之间的相位误差不大于 1°。

（2）检验方法：

1）标准试验源按正极性输入模拟量，在合并单元的测量电流互感器按照 0%、20%、100%的额定交流电流，保护电流互感器按照 0%、50%、100%、500%的额定交流电流，测量电压互感器按照 0%、100%、120%的额定交流电压，保护电压互感器按照 5%、50%、100%、120%的额定交流电压，施加工频模拟量，对于电压电流模拟量同时接入的合并单元，应同时施加电压量和电流量。光数字万用表接至合并单元点对点输出端口，记录幅值误差和相位误差，并在继电保护和安全自动装置菜单中检验采样值。

2）涉及合并单元级联或多台合并单元同步采样要求的继电保护，还应在至少两台合并单元上同时施加工频模拟量，并在继电保护和安全自动装置菜单中检验采样值的相位。

3）可与继电保护及安全自动装置的交流量准确度检验一并实施，对于同步性检验中不符合要求的产品还应检验合并单元额定延时。

3.4.7 传输延时测试

（1）检验内容及要求。该测试针对电磁式互感器配置的合并单元，检查合并单元接收交流模拟量到输出交流数字量的时间，要求同电子式互感器。

（2）检验方法。用继电保护测试仪为合并单元提供交流模拟量（电流、电压），通过电子式互感器校验仪或故障录波器同时接收合并单元输出数字信号与继电保护测试仪输出模拟信号，计算合并单元传输延时。

3.5 智能终端检验

智能终端主要检验项目包括动作时间检验、传送开关量信号检验、SOE 分辨率测试、检修状态测试。

3.5.1 动作时间检验

（1）检验内容及要求。检查智能终端响应 GOOSE 命令的动作时间。测试仪发送一组 GOOSE 跳闸、合闸命令，智能终端应在 7ms 内可靠动作。

（2）检验方法。继电保护测试仪分别发一组 GOOSE 跳闸、合闸命令，接收跳闸、合闸的动作触点，记录报文发送与硬触点动作的时间差；连续测试 5 次取平均值作为动作时间。图 3–13 为智能终端动作时间测试接线图。

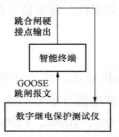

图 3–13　智能终端动作时间测试接线图

3.5.2 传送开关量信号检验

（1）检验内容及要求。智能终端应能通过 GOOSE 报文准确传送开关量信息，延时不宜大于 10ms。

（2）检验方法。通过数字继电保护测试仪分别输出相应的硬触点分、合信号给智能终端，再接收智能终端发出的 GOOSE 报文，解析相应的虚端子开关量信号，检查是否与实端子信号一致；记录硬触点动作与 GOOSE 开关量动作的时间差，连续测试 5 次取平均值作为延时值。智能终端传送开关量信号测试接线如图 3–14 所示。

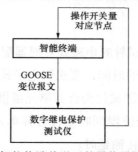

图 3–14　智能终端传送开关量信号测试接线图

3.5.3 SOE 分辨率测试

（1）检验内容及要求。智能终端的 SOE 分辨率应不大于 1ms。

（2）检验方法。使用时钟源为智能终端对时，同时将 GPS 对时信号接到智能终端的开入，通过 GOOSE 报文观察智能终端发送的 SOE。

3.5.4 检修状态测试

（1）检验内容及要求。智能终端检修置位时，发送的 GOOSE 报文"Test"应为 1，应响应"Test"为 1 的 GOOSE 跳闸、合闸报文，不响应"Test"为 0 的 GOOSE 跳闸、合闸报文。

（2）检验方法。投退智能终端检修压板，查看智能终端发送的 GOOSE 报文，同时由测试仪分别发送"Test"为 1 和"Test"为 0 的 GOOSE 跳闸、合闸报文。

3.6 继电保护装置检验

3.6.1 交流量准确度检验

（1）检验内容及要求。

1）零漂检查：模拟量输入的保护装置零漂应满足技术条件的要求。

2）各电流、电压输入的幅值和相位精度检验：检查各通道采样值的幅值、相角和频率的精度误差，满足技术条件的要求。

3）同步性能测试：检查保护装置对不同间隔电流、电压信号的同步采样性能，满足技术条件的要求。

（2）检验方法。

1）零漂检查：保护装置不输入交流电流、电压，观察装置在一段时间内零漂满足要求。

2）各电流、电压输入的幅值和相位精度检验：按照装置技术说明书规定的试验方法，分别输入不同幅值和相位的电流量、电压量，检查各通道采样值的幅值、相角和频率的精度误差。

3）同步性能测试：通过继电保护测试仪提供多路电流、电压信号，观察保护的同步性能。

3.6.2 采样值品质位无效测试

（1）检验内容及要求。

1）采样值无效标识累计数量或无效频率超过保护允许范围，可能误动的保护功能应瞬时可靠闭锁，与该异常无关的保护功能应正常投入，采样值恢复正常后被闭锁的保护功能应及时开放。

2）采样值数据标识异常应有相应的掉电不丢失的统计信息，装置应采用瞬时闭锁延时报警方式。

（2）检验方法。通过数字继电保护测试仪按不同的频率将采样值中部分数据品质位设置为无效，模拟合并单元发送采样值出现品质位无效的情况，如图 3-15 所示。

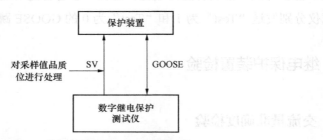

图 3-15　采样值数据标识异常测试接线图

3.6.3 采样值畸变测试

（1）检验内容及要求。双 A/D 采样模式下，当一路采样值按比例放大时，保护装置不应误动作，应同时发告警信号。

（2）检验方法。通过数字继电保护测试仪模拟双 A/D 采样，并对其中一路采样值部分数据进行畸变放大，畸变数值大于保护动作定值，同时品质位有效。测试方案如图 3-16 所示。

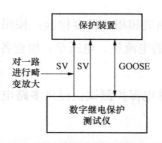

图 3-16　采样值数据畸变测试接线图

3.6.4 通信断续测试

（1）检验内容及要求。

1）合并单元与保护装置之间的通信断续测试：

a. 合并单元与保护装置之间 SV 通信中断后，保护装置应可靠闭锁，保护装置液晶面板应提示 SV 断链信号且告警灯亮，同时后台应接收到 SV 断链告警信号。

b. 在通信恢复后，保护功能应恢复正常，保护区内故障保护装置应可靠动作并发送跳闸报文，区外故障保护装置不应误动，保护装置液晶面板的 SV 断链信号报警消失，同时后台的 SV 断链告警信号消失。

2）智能终端与保护装置之间的通信断续测试：

a. 保护装置与智能终端的 GOOSE 通信中断后，保护装置不应误动作，保护装置液晶面板应提示 GOOSE 断链信号且告警灯亮，同时后台应接收到 GOOSE 断链告警信号。

b. 当保护装置与智能终端的 GOOSE 通信恢复后，保护装置不应误动作，保护装置液晶面板的 GOOSE 断链信号应消失，同时后台的 GOOSE 断链告警信号消失。

（2）检验方法。通过数字继电保护测试仪模拟保护装置与合并单元及保护装置与智能终端之间通信中断、通信恢复，并在通信恢复后模拟保护区内外故障。测试方案如图 3-17 所示。

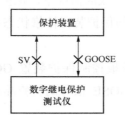

图 3-17　通信断续测试接线图

3.6.5 采样值传输异常测试

（1）检验内容及要求。采样值传输异常导致保护装置接收采样值通信延时、合并单元间采样序号不连续、采样值错序及采样值丢失数量超过保护设定范围，相应保护功能应可靠闭锁，以上异常未超出保护设定范围或恢复正常后，保护区内故障保护装置应可靠动作并发送跳闸报文，区外故障保护装置不应误动。

（2）检验方法。通过调整数字继电保护测试仪采样值数据发送延时、采样值序号等方法模拟保护装置接收采样值通信延时增大、发送间隔抖动大于 10μs、合并单元间采样序号不连续、采样值错序及采样值丢失等异常情况，并模拟保护区内外故障，测试方案如图 3-18 所示。

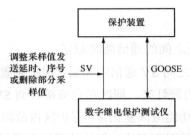

图 3-18　采样值传输异常测试接线图

3.6.6　检修状态测试

（1）检验内容及要求：

1）保护装置输出报文的检修品质应能正确反映保护装置检修压板的投退。保护装置检修压板投入后，发送的 MMS 和 GOOSE 报文检修品质应置位，同时面板应有显示；保护装置检修压板退出后，发送的 MMS 和 GOOSE 报文检修品质应不置位，同时面板应有显示。

2）输入的 GOOSE 信号检修品质与保护装置检修状态不对应时，保护装置应正确处理该 GOOSE 信号，同时不影响运行设备的正常运行。

3）在测试仪与保护检修状态一致的情况下，保护动作行为正常。

4）输入的 SV 报文检修品质与保护装置检修状态不对应时，保护应报警并闭锁。

（2）检验方法：

1）通过投退保护装置检修压板控制保护装置 GOOSE 输出信号的检修品质，通过抓包报文分析确定保护发出 GOOSE 信号的检修品质的正确性，测试方案如图 3-19 所示。

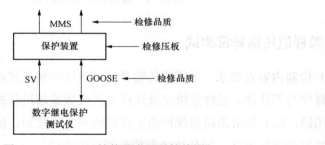

图 3-19　GOOSE 检修状态测试接线图

2）通过数字继电保护测试仪控制输出至保护装置的 SV 和 GOOSE 信号的检修品质。

3.6.7 开入开出及软压板检查

（1）检验内容及要求。

1）检验 GOOSE 开入、开出与 SCD 的端口设置一致。

2）检查设备的软压板设置是否正确，软压板功能是否正常。软压板包括 SV 接收软压板、GOOSE 接收/发送软压板、保护功能软压板等。

（2）检验方法。

1）SV 接收软压板检查：通过数字继电保护测试仪输出 SV 信号至保护，投入 SV 接收软压板，保护显示 SV 数值及功能应正常；退出 SV 接收软压板，保护应不处理 SV 数据。

2）GOOSE 开入软压板检查：通过数字继电保护测试仪输出 GOOSE 信号至保护，投入 GOOSE 接收软压板，保护显示 GOOSE 数据应正确；退出 GOOSE 开入软压板，保护应不处理 GOOSE 数据。

3）GOOSE 输出软压板检查：通过继电保护测试仪加输入量或通过模拟开出功能使保护设备开出 GOOSE 信号，用光数字万用表接至保护输出端口监视开出动作情况；投入 GOOSE 输出软压板，保护发送相应 GOOSE 信号；退出 GOOSE 输出软压板，保护应不发送除心跳报文外的 GOOSE 变位信号。

4）保护元件功能及其他压板：投入/退出相应软压板，结合其他试验检查压板投退效果。

5）软压板检查可与保护功能验证和整组试验一并实施。

3.6.8 虚端子检查

（1）检查内容及要求。检查设备的虚端子（SV、GOOSE）是否按照设计图纸正确配置。

（2）检查方法。

1）通过数字继电保护测试仪加输入量或通过模拟开出功能使保护设备发出 GOOSE 信号，抓取相应的 GOOSE 发送报文分析或通过保护测试仪接收相应 GOOSE 开出，以判断 GOOSE 信号是否能正确发送。

2）通过数字继电保护测试仪发出 GOOSE 开出信号，通过待测保护设备的面板显示来判断 GOOSE 信号是否能正确接收。

3）通过数字继电保护测试仪发出 SV 信号，通过待测保护设备的面板显示来判断 SV 信号是否能正确接收。

3.6.9　保护 SOE 报文的检查

（1）检验内容及要求。检查上送至变电站后台和调度端的保护装置动作、告警报文是否正确。

（2）检验方法。进行继电保护传动，在变电站后台和调度端检查 SOE 报文的时间和内容是否与继电保护装置发出的报文一致，应注意采用开出传动的方法逐一发出单个报文进行检查。

3.6.10　整定值的整定及检验

（1）检验内容及要求。检查设备的定值设置，以及相应的保护功能和安全自动功能是否正常。

（2）检验方法。设置好保护定值，通过测试仪加入电流量、电压量，观察保护面板显示和保护测试仪显示，记录保护动作情况和动作时间。

3.7　整组检验

整组检验可测试合并单元、保护测控、智能终端及其网络组成的保护系统功能的正确性，以及各保护之间配合、装置动作行为、断路器动作行为、监控及故障录波信号的正确性。继电保护整组检验是现场检验继电保护系统完整性、正确性的最直接方法，全部校验应最大限度保证整组检验的完整性。

3.7.1　整组传动实验

（1）检验内容及要求。

1）检查保护设备动作行为及出口软压板。

2）检查智能终端出口硬压板功能。

3）检查检修压板功能，验证装置间检修机制。

4）检查 80% 直流额定电源电压下设备动作可靠性。

（2）检验方法。

1）如图 3-20 所示，采用电子式互感器的智能变电站，通过数字式保护测试仪为保护装置提供电流、电压及相关的 GOOSE 开入，并通过接收保护的 GOOSE 开出确定保护的动作行为，保护整组测试方案同常规保护。

2）采用常规互感器的智能变电站，通过模数一体保护测试仪为 MU 提供电流、电压，为保护装置提供相关的 GOOSE 开入，并通过接收保护的 GOOSE 开出确定保护的动作行为，保护整组测试方案同常规保护。

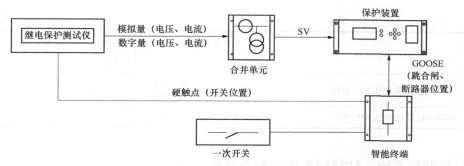

图 3-20　继电保护整组试验方案示意图

3）在不停电情况下检验母线保护，无法整组传动断路器。应在间隔停电检修时，用数字继电保护测试仪接至间隔智能终端的母线保护跳闸 GOOSE 接口，模拟母线保护发 GOOSE 跳闸命令，传动断路器。

4）检修机制测试，检修机制是为了适应智能变电站检修时实现检修装置与运行装置有效隔离而制定的。

GOOSE 检修机制，GOOSE 接收装置根据接收的 GOOSE 报文中的 Test 位与装置自身的检修压板状态进行比较，只有两者一致时才认定信号有效并进行处理或动作。智能终端与保护装置可按照表 3-3 验证 GOOSE 检修机制。

表 3-3　　　　　　　　　　GOOSE 检 修 机 制

智能终端检修状态	保护装置检修状态	整组试验结果
正常	正常	正确动作
正常	检修	不动作
检修	正常	不动作
检修	检修	正确动作

合并单元和保护测控的 SV 检修机制，保护装置将接收的 SV 报文中的 Test 位与自身的检修压板状态进行比较，只有两者一致时，才将 SV 用于逻辑计算，否则装置只显示 SV 数值，不用于逻辑计算。合并单元与保护装置可按照表 3-4 验证 SV 检修机制。

表 3-4　　　　　　　　SV 检 修 机 制

合并单元检修状态	保护装置正常		保护装置检修	
	面板显示	保护行为	面板显示	保护行为
间隔 MU 正常/电压 MU 正常	正常	正常	正常	闭锁
间隔 MU 检修/电压 MU 正常	正常	闭锁	正常	闭锁电压相关保护

续表

合并单元检修状态	保护装置正常		保护装置检修	
	面板显示	保护行为	面板显示	保护行为
间隔 MU 正常/电压 MU 检修	正常	闭锁电压相关保护	正常	闭锁
间隔 MU 检修/电压 MU 检修	正常	闭锁	正常	正常

3.7.2　与调控系统、站控层系统的配合检验

（1）检验内容：

1）继电保护装置的离线获取模型和在线召唤模型，两者应该一致，且应符合 Q/GDW 1396—2012《IEC 61850 工程继电保护应用模型》要求。重点检查各种信息描述名称、数据类型、定值描述范围等。

2）检查继电保护发送给站控层网络的动作信息、告警信息、保护状态信息、录波信息及定值信息的传输正确性。

（2）检验要求：

1）继电保护设备应能够支持不小于 16 个客户端的 TCP/IP 访问连接；报告实例数应不小于 12 个。

2）继电保护设备应支持上送采样值、开关量、压板状态、设备参数、定值区号及定值、自检信息、异常告警信息、保护动作事件及参数（故障相别、跳闸相别和测距）、录波报告信息、装置硬件信息、装置软件版本信息、装置日志信息等数据。

3）继电保护设备主动上送的信息应包括开关量变位信息、异常告警信息和保护动作事件信息等。

4）继电保护设备应支持远方投退压板、修改定值、切换定值区、设备复归功能，并具备权限管理功能。

5）继电保护设备的自检信息应包括硬件损坏、功能异常、与过程层设备通信状况等。

6）继电保护设备应支持远方召唤所有录波报告的功能。

7）继电保护设备应将检修压板状态上送站控层设备；当继电保护设备检修压板投入时，上送报文中信号的品质 q 的 Test 位应置位。

（3）检验方法：

1）继电保护模型离线获取方法：设计单位将 SCD 文件提交变电站调试验收人员。

2）继电保护模型在线召唤方法：站控层设备通过召唤命令在线读取继电保护装置的模型。

3）继电保护信息发送方法：通过各种继电保护试验、通过继电保护设备的模拟传动功能、通过响应站控层设备的召唤读取等命令。

4

新建工程调试与验收

智能变电站试点工程建设阶段，由于系统设计方案不同，各工程试验方法也有所区别。随着智能变电站建设的不断深入以及标准、规范体系的不断完善，智能变电站试验流程也趋于统一。智能变电站标准化调试流程为：系统配置→系统测试→系统动模（可选）→现场调试→投产试验，其中系统配置、系统测试在集成测试阶段完成，现场调试和投产试验由现场测试完成。本章简要介绍了新建智能变电站集成测试流程，重点阐述了集成测试、现场调试、验收、启动试验的关键项目。

4.1 集成测试

4.1.1 集成测试流程

智能变电站集成测试分"集成"和"测试"两大环节，"集成"是指组态配置环节，"测试"是指系统测试和系统动模。集成测试是智能变电站整个试验工作的第一步，也是关键一步。

系统集成是将零散的单体设备集合组成为联系紧密、实现独立完整功能的有机系统，是智能变电站二次系统正常运行的基础和关键。集成测试是智能变电站整个试验过程中发现问题、解决问题的重要阶段，在早期的智能变电站建设工程中，由于集成测试工作时间较长，通常把全站二次设备集中在调试单位或集成单位，进行组态配置、单体、系统性和专项性能测试，有效减轻现场调试的工作量，保证智能变电站的安全性和可靠性，为系统整体交付提供了技术保障，智能变电站工程建设流程如图 4-1 所示。

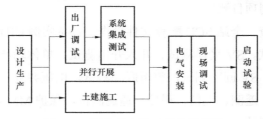

图 4-1 智能变电站工程建设流程

系统集成测试又可分为系统集成配置、设备单体测试、系统测试三个阶段，具体流程如图 4-2 所示。

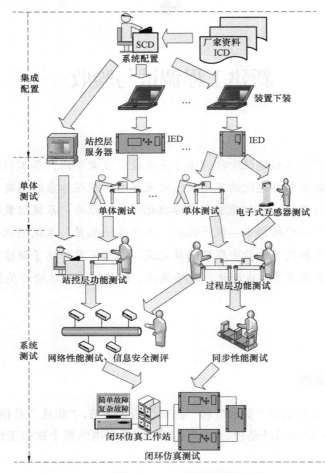

图 4-2　智能变电站系统集成测试流程

4.1.2　集成测试的重点项目

系统集成测试主要是进行智能变电站二次系统构建，解决设备间互联、互通问题，保证采样同步性、电子式互感器性能、网络性能、继电保护系统级性能等专项指标。系统集成测试可开展下列项目测试：

（1）配置文件检查。全站 SCD 配置文件检查，设备实例 CID 配置文件检查。

（2）设备单体测试。SV 采样测试、开入开出测试、单体功能测试。

（3）过程层测试。SV 回路测试，整组联动测试，电压并列、切换功能测试。

（4）站控层测试。遥测、遥信、遥控、遥调测试，保护 MMS 信号测试，定值服务测试，压板控制功能测试。

（5）网络性能测试。交换机性能测试、站控层网络性能测试、GOOSE 网络性能测试、SV 网络性能测试。

（6）电子互感器性能测试。精度测试、SV 额定延时测试、合并单元性能测试。

（7）同步性能测试。差动保护同步测试、外同步性能测试。

（8）闭环仿真测试。基于实时动态仿真工具对各类保护装置的整体动作性能及相互间配合关系进行测试，对异常工况下的保护动作行为进行测试。

（9）信息安全测评。保护、测控设备安全漏洞扫描，监控后台、远动主机防病毒攻击测试，智能二次设备对异常网络报文的应对测试。

工程应用中，上述测试项目可根据实际配置而选择进行。智能变电站不配置电子式互感器可不进行电子式互感器性能测试，不配置合并单元可省略同步测试、SV 采样测试、SV 回路测试、SV 网络性能测试。闭环动态仿真测试可在新设备应用、网络结构首次使用或网络结构复杂的情况下进行，对于设备或网络结构应用成熟的工程可不开展闭环动态仿真测试。

4.2 现场调试

智能变电站现场调试主要是一、二次设备安装完成后，对其整体性能、功能进行测试。其特点是将一、二次设备作为一个整体，以整组联动的方式开展测试。由于设备单体和专项性能测试已经在集成调试部分完成，所以现场调试更关注于对安装的正确性、系统功能、高级应用、电压电流回路方面的测试。测试内容主要包括光纤检查、光功率及裕度测试、保护整组联动测试、程序化操作测试、全站四遥测试、电子式互感器现场测试、通流通压试验等。

4.2.1 光纤检查

光纤检查在现场测试前开展，主要包括连接正确性、光纤是否受损或受污染的检查。利用激光笔在光纤一端的接头射入一定强度的可见光，根据设计院提供的光纤连接图，在光纤另一端接头处检查是否有可见光及其强度，判断光纤连接是否正确且完好，如图 4–3 所示。

图 4–3 光纤检查

4.2.2 光功率及裕度测试

光纤网络的光功率及裕度测试主要针对保护测控、智能终端、合并单元等 IED 的 GOOSE 收发接口和 SV 收发接口进行。主要包括以下内容：

（1）装置光功率输出：将光功率计通过尾纤接入装置的光纤发送端口进行测量，忽略尾纤的光衰耗，则光功率计测得的光功率读数即为装置的发送光功率。

（2）装置接收光功率：将被测端口的光纤接入光功率计，光功率计的光功率读数即为被测端口的接收光功率。

（3）光功率裕度：将光功率衰耗器串接入光纤回路，调整光功率衰耗器至接收方信号断连，然后解开光纤接收端口，接入光功率计，测量此时的接收光功率，记录的断链光功率值为装置灵敏度，用正常时的光功率减去断连时的光功率即为光功率裕度。

4.2.3 保护整组联动测试

保护整组联动测试主要验证从保护装置出口至智能终端、智能终端至断路器跳闸、合闸回路的正确性，以及保护装置之间的启动失灵、闭锁重合闸等回路的正确性。其中，保护装置至智能终端的跳闸、合闸回路和装置之间的启动失灵、闭锁重合闸回路是通过网络传输的虚回路；而智能终端至断路器本体的跳闸、合闸回路是硬接线回路，与常规变电站模式相同。保护装置接口数字化后不再包含出口硬压板，保护的出口受保护装置软压板控制，硬压板下放至智能终端的出口回路，因此保护整组联动测试时需对回路中保护出口软压板、智能终端出口硬压板的功能进行分别验证。保护整组联动测试如图4-4所示。

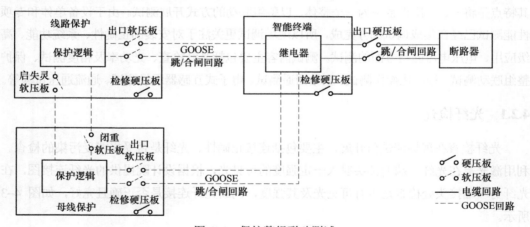

图4-4　保护整组联动测试

智能变电站中设计了GOOSE检修机制，在保护整组联动测试时需要验证合并单元、保护装置、智能终端装置间的检修机制，分别验证每个装置的检修硬压板。

根据继电保护试验规范要求，保护整组联动试验需在80%直流额定电压情况下验证保护动作、断路器跳/合闸的可靠性。

4.2.4 全站四遥测试

全站四遥测试主要是指模拟遥信、遥测、遥控、遥调信息数据的上送和下传，将厂站端设备的状态和采样数据上送至调控中心端，将调控中心的指令下传给厂站端，检查厂站端和调控中心端之间信息交互的正确性和一致性。智能变电站四遥测试工作主要以遥信、遥测、遥控为主。

1. 遥信测试

（1）一次设备位置及状态信号。一次设备位置及状态信号以硬触点形式输入智能终端，智能终端以 GOOSE 报文的形式将一次设备位置及状态信号传送至测控装置，由保护测控装置以 MMS 报文的格式送至站控层监控后台及远动机，并由远动机传输至远方调控中心，如图 4-5 所示。

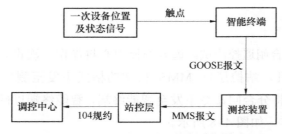

图 4-5　一次设备位置及状态遥信测试

一次设备位置及状态信号测试时，实际操作一次设备改变其位置和设备状态，在本站监控后台服务器上检查相应信号变化是否正确，同时需在调控中心的工作站上检查相应信号变化是否也正确。

（2）二次设备的动作及报警信号。保护装置的动作及报警信号直接以 MMS 报文的形式送至站控层监控后台及远动机，智能终端和合并单元的报警信号则先以 GOOSE 报文的形式送至测控装置，再由测控装置以 MMS 报文的形式送至站控层监控后台及远动机，并由远动机传输至远方调控中心，如图 4-6 所示。

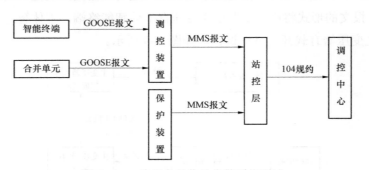

图 4-6　二次设备动作及告警遥信测试

二次设备的动作信号及报警信号测试时，实际模拟产生相应信号，然后在本站监控后台服务器上检查相应信号变化是否正确，同时需在调控中心的工作站上检查相应信号变化是否也正确。

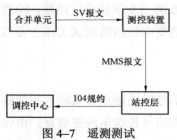

图 4-7　遥测测试

2. 遥测测试

电流、电压互感器将模拟量或数字量采样发送至合并单元，合并单元以 SV 报文的形式将采样值传送至测控装置，由测控装置以 MMS 报文的格式送至站控层监控后台及远动机，并由远动机传输至远方调控中心，如图 4-7 所示。

遥测测试时，所加电流、电压量在本站监控后台服务器上检查相应数据是否正确，同时需在调控中心的工作站上检查相应数据是否也正确。

3. 遥控测试

（1）断路器分、合闸遥控测试。远方调控中心将操作一次设备的分闸、合闸命令下发至站控层远动机，站控层以 MMS 报文的格式下发至测控装置，测控装置以 GOOSE 报文的形式将分合闸命令下发至智能终端，智能终端以硬触点形式开出给一次设备进行分合操作，如图 4-8 所示。

图 4-8　遥控测试

（2）主变压器调挡遥控测试。远方调控中心将主变压器有载开关调挡的命令下发至站控层远动机，站控层以 MMS 报文的格式下发至主变压器测控装置，主变压器测控装置以 GOOSE 报文的形式将命令下发至主变压器本体智能终端，本体智能终端以硬触点形式开出给主变压器有载开关进行调挡，如图 4-9 所示。

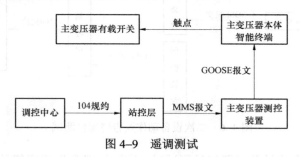

图 4-9　遥调测试

遥控测试时，在本站监控后台和调控中心工作站分别发送遥控命令，检查一次设备位置变化、变压器挡位变化是否正确。

4.2.5 程序化操作测试

监控系统的程序化操作可以实现无人值班，一般采用单键操作，将操作票转变成任务票；减少（甚至无须）人工操作，大大降低误操作的概率，提高了操作效率，达到减人增效的目的。

根据操作的输入、输出信息所涉及的测控或保护装置，可将程序化操作分为间隔内的程序化操作和跨间隔的程序化操作。根据变电站的典型操作票编制对应的操作序列表库，当运行人员选定操作任务后，计算机按照预定的操作程序向相关电气间隔的测控保护设备发出操作指令，执行操作。操作命令的动作序列表被预制在主机中，依靠变电站各间隔单元的状态信息，实现单一间隔或跨间隔的程序化操作。

程序化操作测试时，需在本站监控后台主机和远方调控中心工作站分别就所有程序化操作票逐一进行测试。

4.2.6 电子式互感器现场测试

对于应用电子式互感器的智能变电站，电子式互感器是二次系统功能应用的数据源提供者，其性能直接影响二次功能的指标，因此电子式互感器的性能要求应满足GB/T 20840.7—2007《互感器　第 7 部分：电子式电压互感器》、GB/T 20840.8—2007《互感器　第 8 部分：电子式电流互感器》以及 Q/GDW 441—2010《智能变电站继电保护技术规范》等规范中的相关规定，现场测试时电子式互感器主要进行精度和极性试验。

1. 精度试验

采用比较法通过专用电子式互感器校验仪测试电子式互感器的误差，即用一个与被试电子式互感器额定变比（额定电压）相同的传统精密互感器作为标准，标准互感器二次信号与被试电子式互感器二次数字信号同时输入专用电子式互感器校验仪进行比较，直接读出被试电子式互感器的比差和角差。

电子式电流互感器现场校验系统由调压器、升流器、标准电流互感器、电子式互感器校验仪、二次转换器及相关配套设备等组成，如图 4-10 所示，互感器校验仪的测量不确定度小于 0.05%。试验时，调节调压器，将一次电流升至额定电流的 1%、5%、20%、100%、120%，进行通道延时测试、互感器误差试验并记录数据。

2. 极性试验

电流互感器极性测试通常采用"直流法"，"直流法"校核光纤电流互感器极性如图 4-11 所示，从光纤电流互感器一次侧极性端通入直流电流，使用专用 SV 报文分析软件，以波形的方式表示每个模拟量通道数值，若 SV 电流值为正值表明光纤电流互感器为正极性接法；若 SV 电流值为负值表明光纤电流互感器为反极性接法。

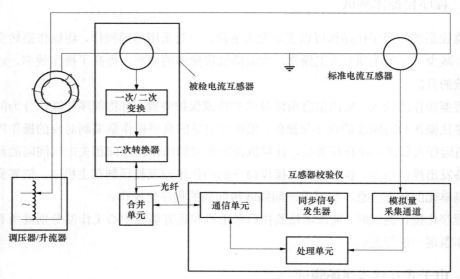

图 4-10　电子式电流互感器现场测试接线

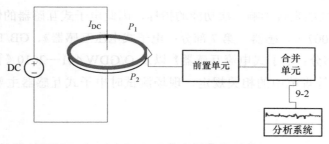

图 4-11　电子式电流互感器极性校验示意图

4.2.7　通流通压试验

通流通压试验分为二次通流通压试验和一次通流通压试验，通过通流通压试验检查电流电压回路的完整性、正确性以及验证互感器极性。

（1）电子式互感器二次通流通压：分别在每台合并单元上进入调试模式，发出额定电流、电压，检查测控、计量、保护、故障录波器、同步相量测量装置（Phasor Measurement Unit，PMU）等相关二次设备采样应正确。

（2）常规互感器二次通流通压：采用继电保护测试仪向合并单元通入电流、电压模拟量，检查测控、计量、保护、故障录波器、PMU 等相关二次设备采样应正确。

（3）一次通流通压：一次设备各间隔施加电流、电压，检查测控、计量、保护、故障录波器、PMU 等相关二次设备采样应正确，通过穿越性电流验证互感器极性正确。

4.3 验收

智能变电站二次设备验收与调试阶段相匹配，分为工厂验收和现场验收。

4.3.1 工厂验收

工厂验收是指智能变电站设备在完成预验收后，由生产厂家申请，并由建设单位相关部门组织进行的设备出厂前的验收测试。

（1）工厂验收具备的条件：

1）二次设备生产厂家已按照合同要求在工厂环境下完成设备生产、集成、项目工程化及调试工作。

2）电子式互感器生产厂家已按照合同要求在工厂环境下完成电子式互感器生产，并完成了与合并单元的联调工作。

3）二次设备生产厂家和电子式互感器生产厂家已搭建模拟测试环境。

4）二次设备生产厂家和电子式互感器生产厂家已完成预验收测试，并提交预验收测试报告和工厂验收申请报告。

5）工厂验收大纲已完成编制和审核。

（2）工厂验收流程：

1）工厂验收条件具备后，验收工作组开始进行工厂验收。

2）严格按审核确认后的验收大纲所列测试内容进行逐项测试、逐项记录。

3）在测试中发现的缺陷和偏差，允许生产厂家进行修改完善，但修改后必须对所有相关项目重新测试。

4）测试完成后，编写验收报告，并报验收工作组确定工厂验收结论。

4.3.2 现场验收

现场验收是设备现场安装调试完毕后，由安装调试单位申请，并由建设单位相关部门组织进行的设备投运前的验收测试。

（1）现场验收具备的条件：

1）待验收设备已在现场完成安装调试。

2）完成竣工草图编制。

3）安装调试单位已提交现场验收申请报告及调试报告。

4）完成现场验收大纲编制及审核。

5）型式试验和工厂验收试验报告（含在集成商设备互操作性试验报告中）齐全，相关试验数据和功能验收结果满足相关标准和技术协议要求。

6）SCD 文件已作为变电站图纸资料提交。

7）与各级调度主站的远动通道已经开通并调试完毕。

8）变电站信息已全部接入相关系统。

9）完成变电站内的电压无功控制装置（VQC）系统子系统联调，包括控制策略调试。

10）与系统相关的辅助设备（电源、接地、防雷等）已安装调试完毕。

11）已正确输入并固化各装置正式定值。

12）已正确输入各装置地址。

（2）现场验收的流程：

1）现场验收条件具备后，现场验收工作小组开始进行现场验收。

2）按照验收方案所列检查、测试内容进行逐项检查、测试，逐项记录。

3）在测试中发现的缺陷和偏差，允许设备供应商或施工、调试单位进行修改完善，但修改后必须对所有相关项目重新测试，并确认无遗留问题后出具报告。

4）验收测试完成后，由验收工作组出具现场验收结论。

5）现场验收试验部分内容可结合施工调试进行。

（3）验收内容：

1）硬件检查包含设备外观检查、铭牌及标志检查、现场与机柜检查、电子式互感器检查。

2）功能检查包含 SCD 文件验收、互操作及一致性功能测试、连续通电测试、过程层验收、间隔层验收、站控层验收、整组传动测试、顺控操作验收、五防系统验收、VQC功能验收、对时功能检查、防雷器配置检查、网络性能验收、网络通信记录分析系统测试等。

4.4 启动试验

启动试验主要是指电压、电流量的校验，主要包括定相、核相、带负荷校验。

4.4.1 定相

智能变电站主要采用两种定相方法：一是使用专业的符合 IEC 61850 标准的数字式相位表，从电压合并单元的备用接口接收电压数据，而后通过表计显示来判断 TV 的二次电压是否是正序关系；二是直接在保护、测控等二次设备上观察电压的相位。确定其相序正确后将作为后续核相的基准。

4.4.2 核相

核相主要有同电源核相和不同电源核相。同电源核相一般在新设备带电过程中进行，按照带电的步骤，以定相准确的 TV 为参考，对其他 TV 的相序进行核对，即两个 TV 的 A 相和 A 相比对、B 相和 B 相比对、C 相和 C 相比对。不同电源核相，通常是对来自两个不同电源的 TV 的相序进行按相比对。常规变电站的 TV 核相一般采用万用表即可进行，智能变电站的 TV 核相可以用两种方法：一是使用专业的符合 IEC 61850 标准的数字式相位表，从不同电压合并单元的备用接口接收电压数据，以确定的电压为参考，通过表计显示来核对 TV 的电压相序是否正确；二是直接在保护装置、故障录波器或报文记录分析仪上，以已知的电压为参考，通过计算显示的角度核对被校电压的相序是否正确。

4.4.3 带负荷校验

变电站接入系统后，一次设备合环运行，一次设备上将流过负荷电流，这时对二次设备的电流采样幅值和相位以及差动保护差流的大小进行校验，确保二次设备电流采样的正确性。智能变电站的二次设备带负荷校验与常规变电站相同，可通过保护装置、监控后台等直接观察电压、电流、功率的大小和方向，尤其需要关注差动保护的差流大小，判断二次设备采样的正确性。

5 改扩建技术

　　智能变电站二次系统采用信息建模、网络通信、合并单元、智能终端等新技术、新设备，一定程度实现了数据共享，提高了智能化水平。但二次系统抽象的信息交互过程以及新设备的应用，为智能变电站的改造和扩建工作带来新的挑战。智能变电站改扩建工作通常包含 SCD 文件的修改、改扩建间隔的独立调试、改扩建间隔接入运行系统并验证等。与常规变电站相比，智能变电站的改扩建工作在二次回路方面变化最大，电缆回路布置转变为了配置文件信息，验证配置文件的正确性也成为改扩建工作的重点。本章主要介绍了改扩建工程典型模式、工作流程、停电方式、保护二次回路验证方法以及改扩建配置文件管理等内容，重点分析了改扩建工程中二次回路验证工作的难点以及相应的处理方法。

5.1 改扩建工程

5.1.1 改扩建工作模式

　　智能变电站改造工作分为两种情况，一种是常规变电站改造成智能变电站；另一种是智能变电站内设备的改造，二次设备改造主要涉及保护设备、合并单元、智能终端等 IED 设备。

　　（1）常规变电站改造成智能变电站：

　　模式一：只对站控层以及相关的测控保护等设备进行改造，简称自动化改造。这种模式下其综合自动化系统改造为基于 IEC 61850 标准的自动化系统，过程层不设置智能终端和合并单元，测控保护与一次设备之间仍采用常规电缆联系，对保护二次回路没有影响。这种改造方案比较适合已经对老设备进行了更换的变电站，只需验证"四遥""五防"、顺控等自动化系统功能，对保护设备的影响相对较小。

　　模式二：除了自动化改造外，全站需按照智能变电站"三层两网"的模式改造保护，设置智能终端和合并单元等二次装置实现电流、电压的数字化和一次设备的智能化。这种模式几乎等于对老站二次系统完全重建，需要对站内所有二次设备的型式和布置进行重新规划和设计，一次设备可根据需要改造。如果采用电子式互感器，则是电子式互感器通过合并单元传输数字量；如果采用常规互感器，则是通过常规互感器经合并单元数字化后传输。220kV 和 110kV 变电站大多采用这种建设模式。

模式三：在模式二的基础上，过程层保留智能终端，但不使用合并单元，采用传统电缆采样方式。330kV 及以上变电站大多采用这种改造模式。

（2）智能变电站设备改造：

1）保护装置更换升级。由于保护设备老旧、设备升级、家族性缺陷、配合改造等原因，需要改造保护装置时，保护模型、程序、通信配置、虚端子配置等都可能发生改变。保护装置改造后，装置和逻辑回路都应视作新装置、新回路，甚至可能需要修改相应的外回路。保护更换结束后，与保护装置相关联的回路都需要重新验证，包括与智能终端、其他保护等相关联的 GOOSE 回路，与合并单元相关联的 SV 回路或常规采样回路以及信号回路。

2）合并单元更换升级。由于智能变电站需求的变化、家族性缺陷、功能升级等原因，需要对合并单元进行改造，合并单元的模型、程序、通信配置、虚端子配置等都可能发生改变。合并单元改造后，应视为新装置，保护、测控等二次设备的采样回路以及合并单元接收、发送 GOOSE 信号回路均应重新验证。

3）智能终端更换升级。由于智能变电站需求的变化、家族性缺陷、功能升级等原因，需要对智能终端进行改造，智能终端的模型、程序、通信配置、虚端子配置等都可能发生改变。智能终端改造后应将智能终端视为新装置，其与保护、测控、合并单元等二次设备以及一次设备之间的控制与信号回路均应重新验证。

5.1.2 改扩建工作流程

智能变电站改扩建工作流程一般包含修改 SCD 配置文件、改扩建间隔独立调试、改扩建设备接入运行系统调试验证三个环节。

（1）修改 SCD 配置文件。根据改扩建内容，在 SCD 文件中配置改扩建间隔的 IED 设备相关信息，同时修改相关运行设备的配置，需要在 SCD 管控流程下进行 SCD 文件的修改，确保不误改无关设备或回路的配置信息。

（2）改扩建间隔独立调试。仅针对改扩建间隔的新设备进行调试，不涉及运行设备，类似于新建智能变电站的二次设备调试，需要对单个设备进行采样、开入、开出以及功能和性能的验证，并对改扩建间隔的所有新设备进行整组测试，确保设备间信息交互的正确性，同时需验证自动化系统的相关信号与功能。

（3）改扩建间隔设备接入运行系统调试验证。改扩建间隔设备调试完成后需接入运行系统，修改相关运行设备的配置，并进行搭接验证，确保改扩建间隔设备能够有效接入运行系统，且全站系统配置正确。因为改扩建间隔设备接入系统过程中涉及一、二次设备的停电申请，工作时间有一定限制，调试验证的回路也涉及运行设备，所以这部分工作是智能变电站改扩建工程中的关键点和难点，安全风险最大，需要制定详尽的安全技术措施。

5.1.3 改扩建停电方式

智能变电站改扩建工作一般采取一次设备停运或二次设备停运的方式进行，其中一次设备停运有按全站停电、按电压等级停电、按支路间隔轮停等方式，二次设备停运一般采取 A 套和 B 套轮停的方式。具体采用的停电方式应综合电网运行方式、变电站一次接线、改扩建内容等因素决定。

（1）全站一次设备全部停运模式。全站一次设备全部停运后，二次系统每个间隔可以同时进行升级改造，全站二次设备之间不必布置安全隔离措施。全部停运改扩建方案思路清晰，涉及危险点较少，改扩建过程较为安全，效率较高，能够保证在较短的时间内完成改扩建工作；全部停运改扩建方式能够对涉及多支路、多间隔的二次智能设备同时进行校验，避免了分间隔整改过程中试验无法周全的弊端。

全部停运模式的缺点是：受制于调度运行方式、负荷潮流大小等电网运行要求，增加电网运行安全风险。因此，仅适用于线路较少、承受负荷较轻、允许全部停运的变电站。

（2）按电压等级多支路同时停运模式。按电压等级多支路同时停运进行改扩建工作，如图 5-1 所示，停电范围较大，停电各支路能够同时进行施工。对于母线保护，由于涉及同一电压等级多条支路，此方案能够保证各支路二次系统整改同时进行，避免了按间隔逐步停运时需要做的安全隔离措施，有利于提高工作的安全性和效率。对于母线保护系统为单套配置的，应优先考虑使用此方案。

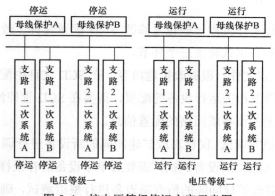

图 5-1 按电压等级停运方案示意图

按电压等级多支路同时停运模式进行改扩建工作时，主变压器非停电侧可能仍在运行，故需要结合具体停电计划在主变压器保护系统中布置相应的二次安全隔离措施，包括主变压器停电侧 SV 采样投入软压板、保护跳闸出口软压板、启动失灵软压板以及失灵联跳开入软压板等。

（3）按支路间隔轮流停运模式。变电站改扩建工作涉及母线的多个间隔时，各间隔可按计划轮流停运，如图 5-2 所示。某间隔先停电后，该间隔可进行升级改造、传动试验等工作，然后接入母线保护系统并验证相关二次回路的正确性。待该间隔改造完成且一、二次设备复役后，再进行其他间隔的停电改造。

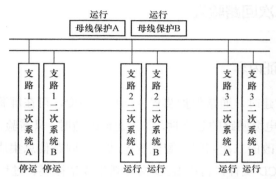

图 5-2　按间隔停运（支路 1 停运）方案示意图

按支路间隔轮流停运模式进行改扩建工作，停电范围小，停电计划灵活性高。但停电次数较多时，母线保护配置文件可能需改动多次，按间隔逐停逐改过程中无法避免复杂繁琐的安全隔离措施。

（4）A 网和 B 网轮流停运模式。对于双重化的二次系统，改扩建过程中可采用 A 网、B 网轮停的停运模式。如图 5-3 所示，首先将 A 网的二次设备全部退出运行进行改扩建工作，待 A 网二次设备恢复运行后，再将 B 网的二次设备全部退出运行进行改扩建工作。此方案优点在于：一次设备无须停电，不影响电网运行方式；跨间隔母线保护系统各支路能同时进行整改。由于 110kV 及以下设备以单套配置为主，故不适合该方法。220kV 及以上保护双重化配置，但是测控装置一般只有单套，故需考虑智能终端、合并单元的停用可能影响测控装置的运行。

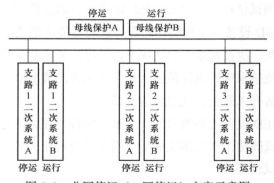

图 5-3　分网停运（A 网停运）方案示意图

采用 A 网、B 网轮停模式时，一次设备不停电，需断开控制回路，防止误动一次设备。同时需做好两个网络之间的安全隔离措施，即装置之间的二次回路、光纤、硬压板、空气开关、操作把手、屏柜、装置本身、交换机等都应有清晰的隔离标识，避免在改扩建工作中误操作运行设备；对于线路保护要注意断开与对侧的联系，避免本侧试验时影响对侧设备。

5.2 保护相关二次回路验证

5.2.1 二次回路验证内容

常规变电站改扩建时，通常保护装置内部程序不变，可在屏幕菜单上对相关参数、定值进行修改。由于电缆回路的独立性，在扩建或改造时，只需验证变动过的二次回路，而无须验证其他未更改的二次回路。智能变电站二次回路信息集成于 SCD 文件中，改扩建工程生成新的 SCD 文件，再由 SCD 文件新生成站控层、过程层配置文件，并下装至保护装置。过程层配置文件包含通信配置、虚回路配置信息等，一旦被整体覆盖，非改扩建间隔部分就有被误修改的风险。由于缺乏有效手段确认这部分配置信息是否正确，故除了调试改扩建的相关回路，还需对装置中未涉及改扩建工作的回路进行重新验证。

在改扩建工程中，一般需调试验证 IED 设备的采样回路、开入/开出回路（含跳闸、合闸回路）以及信号回路等，具体内容如下：

（1）采样回路。依据采样回路的形式（传统互感器或电子式互感器、电缆或光纤、是否有合并单元等），选用传统测试仪或数字式测试仪对设备进行加量试验，并最终经带负荷测试验证。

（2）开入回路。调试验证 IED 设备的开入回路，若开出信号设备为停运设备，宜采用实际操作、电气触点短通或设备自带功能开出的方法来调试验证；若开出设备为运行设备，宜采用数字式测试仪模拟开出 GOOSE 信号进行调试验证。

（3）开出回路。IED 设备开出传动回路在一次设备停运的情况下采用实际跳合断路器的传动试验方法，在一次设备运行的情况下，采用数字式测试仪模拟被传动设备接收跳闸、合闸信号等其他技术手段进行验证。在条件允许的情况下，开出信号回路应尽量采用查看接收信号设备开入量的方式进行调试验证。

（4）信号回路。IED 设备的各类信号一般接至测控装置或通过 IEC 61850 规约直接发送至后台，在扩建或改造工作实施完成后，需在后台对相关光字牌、软报文、断链告警等信号进行逐一调试验证。

此外，针对改扩建工程的内容，还需进行整体系统调试，"四遥""五防"等自动化系统功能调试验证等项目。

5.2.2 母线保护二次回路验证

1. 母线保护二次回路验证特点

智能变电站改扩建时，一般一、二次设备同时停运，在调试验证保护设备的跳合闸回路时，可进行断路器传动，从而保证该回路的正确性与完整性。考虑到改扩建工程中母线保护装置的配置文件、程序等可能发生改变，一般需通过 SCD 文件重新生成母线保护配置文件并下装。这可能导致非改扩建间隔的配置信息被误修改，需要验证母线保护所有间隔的采样回路及开入/开出回路（含跳闸回路），增加了运维检修人员调试验收的工作强度、工作时间和工作环节。

同时，由于母线保护涉及多个间隔，若需做断路器传动试验，则要各间隔进行停电配合，增加了停电时间，影响系统运行方式，降低电网可靠性。

2. 母线保护二次回路验证方法

智能变电站改扩建工程中，若母线保护的配置文件、程序或内部参数被修改时，为防止误修改非改扩建间隔的配置信息，需验证母线保护与所有间隔之间的二次回路。母线保护的采样、开入、开出等二次回路的验证方法与 5.2.1 小节所述 IED 二次回路验证方法相同，需要根据各间隔设备运行状态采取实做或模拟的方法来验证，跳闸传动回路的验证因涉及断路器，需依改扩建方案而定。

当变电站为 3/2 接线方式时，建议全停一条母线上的所有一次设备进行改扩建工作，并对母线保护所有间隔进行实际跳闸传动验证。当变电站为单母线接线方式或双母线接线方式时，建议采取间隔轮停的方式进行改扩建工作，并对停运间隔进行实际跳闸传动验证，而对于不能停运的间隔可用报文分析等技术手段进行验证。一般工程上采用的技术手段主要有：

（1）报文分析法或测试仪模拟分析法。以 500kV 某变电站 220kV 智能终端改造工程为例：

1）工程概述。该站智能设备投运较早，智能终端装置型号及软件版本均不在国家电网公司检测合格范围之内，存在安全隐患，故需升级改造。工程采用将 220kV 母线间隔对半轮停的方式分两期进行，对站内 13 个间隔，共计 23 台智能终端进行升级改造，以提高设备运行可靠性。

2）调试验证方法。两期停电改造阶段均需修改母线保护配置文件并进行相关二次回路验证工作，对于母线保护运行间隔跳闸回路的验证，可采取报文分析法或测试仪模拟分析法，具体方法如下：

a. 报文分析法。在母线保护下配置前后相同状态下模拟故障并在 GOOSE 点对点及组网口分别抓取出口跳闸报文并将其进行比对。若配置前后各运行间隔跳闸报文参数基本相同，GOOSE 开出数据集中数据完全一致（包括母线保护动作信号及间隔跳闸信号），仅 StNum、SqNum 以及 time 不同，则认为新的母线保护过程层配置文件中运行间隔的配置信息正确。

　　b. 测试仪模拟分析法。使用数字式测试仪模拟智能终端，接收母线保护各运行间隔的跳闸信号，检查是否接收到相应间隔的跳闸开入。若接收的跳闸开入信号与实际运行间隔一致，则认为新的母线保护过程层配置文件中运行间隔的配置信息正确。

　　这两种方法可同时使用，从而双重保证回路的正确性。

　　3）优点。工作范围小，与运行设备完全隔离，不存在误跳运行间隔的风险。

　　4）缺点。跳闸回路验证不够全面，没有验证至断路器机构；对工程人员技术水平有一定要求。

　　（2）传动至智能终端不出口验证法。以 220kV 某变电站 220kV 间隔扩建工程为例：

　　1）工程概述。220kV 某变电站 220kV 部分为双母线接线方式，工程扩建 3 路新间隔，前期一次设备已接入，本次为扩建间隔二次设备调试、接入母线保护。工程采用所有间隔两套保护轮停的方式进行调试验证。

　　2）调试验证方法。扩建间隔接入母线保护系统并进行相关二次回路验证时，先停运所有间隔第一套保护（含智能终端）与母线第一套保护，对母线第一套保护与间隔第一套保护、第一套智能终端相关回路进行调试验证。待第一套保护均复役后，停运第二套保护，重复以上步骤。在进行母线保护运行间隔传动试验时，将智能终端的跳闸出口硬压板打开，母线保护与相应智能终端均打上检修压板，给母线保护加量模拟故障，令其发 GOOSE 跳闸令至智能终端，智能终端跳闸灯亮则表示跳闸回路正确。

　　3）优点。验证的跳闸传动回路相对更加全面。

　　4）缺点。存在误跳运行间隔的风险；单套保护运行时会降低可靠性；由于测控装置一般都是单套配置，停用一套智能终端时，可能会影响测控装置的正常运行。

　　（3）文件比对验证。通过比对配置文件来辅助验证母线保护相关回路的正确性，常见的比对方法有：

　　1）SCD 文件比对。一般可采用 CRC 校验码比对法、文本比对法或可视化自动比对软件将新旧 SCD 文件进行比对。CRC 校验码比对法是由工具自动生成 SCD 文件的 CRC 码并进行比较，简单易行；文本比对法一般使用专业文字比对软件进行比对，但实施起来效率较低；可视化自动比对软件一般只支持对 SCD 文件中的虚回路信息进行比对，通信参数等其他内容比对功能还不健全，不推荐使用。SCD 文件比对正确并不能保证最终下至保护中的配置文件也正确。

　　2）过程层配置文件比对。

　　a. 文本比对法。对母线保护新旧过程层配置文件的文本内容进行比对。由于缺乏完善的比对工具，一般只能通过文字比对软件或人眼观察来确认两份配置文件的异同部分，对工程人员技术水平要求极高，风险较高。

b. CRC 校验码比对法。将新下装至母线保护的过程层配置文件 CRC 码与新 SCD 生成母线保护过程层配置文件的 CRC 码进行比对，保证装置内过程层配置文件确实是由新 SCD 文件生成。由于母线保护配置文件涉及多个间隔，行业内还提出了母线保护过程层配置文件按间隔 CRC 码比对方法，从而确定该文件具体修改内容。如果下载到母线保护装置的过程层配置文件只有扩建或改造间隔相关部分的配置信息发生了变化，则认为母线保护只需对扩建或改造间隔进行相关试验，而无须验证其他运行间隔，具体方法详见 5.2.3 小节。

5.2.3 母线保护过程层配置文件按间隔校验法

（1）原理及实现方案。母线保护过程层配置文件按间隔校验，就是在母线保护原有虚端子校验码基础上，通过工具分别计算母线保护各个间隔的过程层接收虚端子校验码以及过程层发送虚端子校验码，实现精确地评估修改后的母线保护过程层配置文件，确定修改所影响的范围，发现误改、错改，确保配置改动后的完整性，实现一致性管控。

某间隔改扩建时，母线保护中与该间隔相对应的过程层配置信息发生变化，但非改扩建间隔过程层配置信息维持不变，即这些间隔的过程层接收虚端子校验码不会发生变化，相应二次回路无须重新验证，只需对过程层校验码发生变化的间隔进行验证，大大减少了现场人员的工作量。母线保护发送虚端子为最大化配置，所以改造前后过程层发送虚端子校验码也不会发生变化。

利用 CRC 校验码计算工具对母线保护过程层配置文件按间隔进行校验，实现方案如下：

1）CRC 校验码计算工具导入新 SCD 文件，生成与母线保护相关联的 IED 设备列表，指定母线保护各间隔所关联的 IED 设备，形成母线保护各间隔与 IED 设备的关联索引关系。

2）CRC 校验码计算工具导入母线保护改扩建前后的过程层配置文件，根据上述关联索引关系找出与各间隔相关联的 IED 设备，将与该间隔关联的 IED 设备的 iedName 进行排序，然后计算各间隔过程层接收虚端子 CRC 校验码。

3）CRC 校验码计算工具依据母线保护改扩建前后的过程层配置文件计算发送虚端子 CRC 校验码。

4）CRC 校验码计算工具同时展示母线保护改扩建前后的各间隔接收虚端子 CRC 校验码、发送虚端子 CRC 校验码及总的过程层虚端子 CRC 校验码，并提示检修人员发生变化的 CRC 校验码所对应的间隔，实现自动比对功能。

5）将各过程层虚端子 CRC 校验码以文件类型导出归档管理。

（2）比对工具。母线保护过程层配置文件按间隔校验比对工具使用方法如下：

1）打开 SCD 文件。如图 5-4所示，点击主框架程序菜单【打开 SCD】，打开改扩建后的 SCD 文件，通过解析 SCD 文件提供 IED 设备的描述信息。

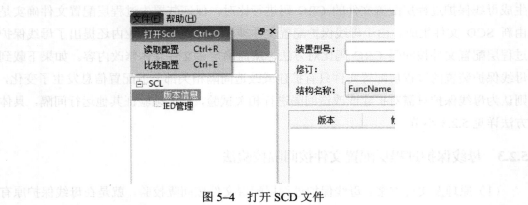

图 5-4　打开 SCD 文件

2）读取过程层配置文件。如图 5-5～图 5-7所示，点击主框架程序菜单【读取配置】，弹出菜单后选择装置类型、设置通信参数，然后读取装置过程层配置文件。

图 5-5　读取配置

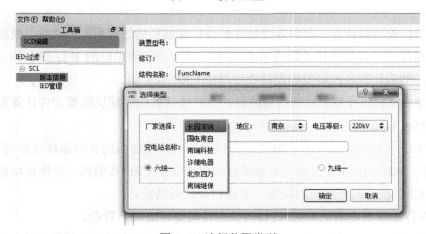

图 5-6　选择装置类型

图 5-7　设置通信参数

3）比较过程层配置文件。如图 5-8～图 5-10 所示，点击主框架程序菜单【比较配置】，弹出菜单后选择设备类型，导入改扩建前后的过程层配置文件并进行比较。

图 5-8　比较配置

图 5-9　选择设备类型

图 5-10　选择改扩建前后的配置文件

4）显示比对结果。以南京 500kV QT 变 220kV 间隔扩建工程为例，该工程在 220kV
V/Ⅵ母线的基础上扩建Ⅲ/Ⅳ母线、新增 220kV 高旺线路间隔、Ⅲ/V 母分段开关 2635、
Ⅳ/Ⅵ母分段开关 2646、Ⅲ/Ⅳ母母联开关 2634，新增两套 220kV Ⅲ/Ⅳ母母线保护。将
2635 和 2646 两个分段开关接入前后的 220kV V/Ⅵ母第一套母线保护配置文件进行分析
比对，其比对结果如图 5-11 所示，除工程中要求修改的间隔设备（分段 2635 保护及智
能终端、分段 2646 保护及智能终端、220kVⅢ/Ⅳ母母线第一套保护）接收 CRC 校验码
外，其余间隔设备接收 CRC 校验码以及发送 CRC 校验码在改扩建前后保持一致，故非
改扩建间隔设备与母线保护之间的虚回路无须重新验证。

	改扩建前IED	改扩建后IED	改扩建前CRC	改扩建后CRC	是否一致
1	发送CRC	发送CRC	E7B418F4	E7B418F4	一致
2		IE2202A		C9E07E8E	不一致
3		IE2203A		4F76596F	不一致
4		PE2202A		657C5FF7	不一致
5		PE2203A		06835094	不一致
6		PM2202A		02DB3808	不一致
7	IE2201A	IE2201A	8656F9D5	8656F9D5	一致
8	IT22006A	IT22006A	88ABCD78	88ABCD78	一致
9	IL2205A	IL2205A	129569B7	129569B7	一致
10	IL2206A	IL2206A	C2874501	C2874501	一致
11	IL2201A	IL2201A	F67AD3D7	F67AD3D7	一致
12	IL2202A	IL2202A	E0D6ABEB	E0D6ABEB	一致

图 5-11　V/Ⅵ母第一套母线保护测试结果

注：IE2202A 为分段 2635 第一套智能终端；IE2203A 为分段 2646 第一套智能终端；PE2202A 为分段 2635 第一套保护；
　　PE2203A 为分段 2646 第一套保护；PM2202A 为 220kVⅢ/Ⅳ母母线第一套保护。

通过扫描右侧二维码观看母线保护过程
层配置文件校验比对工具的使用视频。

5.3　配置文件管理

5.3.1　管理要求

《国家电网公司智能变电站配置文件运行管理规定》要求智能变电站系统配置文件、IED 能力描述文件、IED 实例配置描述文件、IED 回路实例配置文件、过程层交换机配置等配置文件的管理应遵循"源端修改，过程受控"的原则，建立智能变电站配置文件管理系统，对配置文件实施统一管理。智能变电站装置应采用经过检测的 ICD 文件。

智能变电站改扩建时，在管理上应满足以下要求：

（1）工程竣工验收时，施工单位应向运维单位移交配置文件和资料性文件（包括装置 ICD 文件版本清单、竣工图纸和调试报告等），运维单位对资料进行审核确认。

（2）运维单位应于设备投产前，将验收合格的配置文件归档。设备投产后一个月内，应将资料性文件归档。

（3）扩建、改造等工作应使用运维单位管理的最新版本配置文件。

（4）运维阶段配置文件变更的管理由运维单位统一负责，并确保配置文件的唯一性和正确性。

（5）配置文件变更时，运维单位应对修改人员、时间、目的及修改内容等信息进行记录。修改后的配置文件应通过校验及审核后方能归档。配置文件下装时，应进行相应验证，并履行相关手续。

（6）设备投产前及配置文件变更后，运维单位应核对 IED 虚端子 CRC 校验码与现场设备一致，并及时将配置文件归档。

5.3.2　管理实施方案

（1）管理方法。运行维护阶段有扩建或改造工作时，运维单位负责落实配置文件变更、下装、调试、验证、资料归档等管理工作，确保装置变更内容与配置文件变动一致。

改扩建工程的配置文件应按照签出申请、签出审批、签出执行、签入申请、归档校核流程开展变更工作，并在管控系统发起变更流程，进行有效闭环管控。配置文件依托管控系统管理，需在管控系统上传系统配置文件、装置配置文件、全站通信参数分配表、装置光口分配图、虚端子表、VLAN 划分表等。

（2）管理流程。改扩建工作中配置文件的管理必须严格按管控系统变更流程执行，如图 5-12 所示。配置文件变更流程具体内容如下：

1）工程改造前，在管控系统上发起配置文件的签出申请。

2）审批发起的配置文件签出申请。

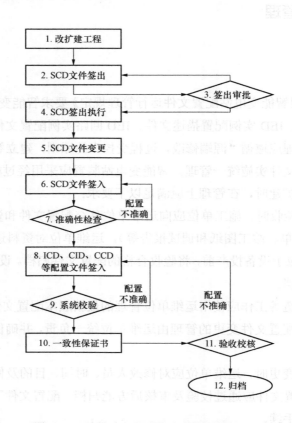

图 5-12　改扩建工程配置文件变更流程图

3）签出申请审批通过后，执行配置文件的签出。变电站 SCD 签出执行后状态为已签出，不允许 SCD 文件再次签出。现场 SCD 文件变更需以签出文件为依据，确保文件的同源性。

4）改扩建工程完成且设备投运前，在管控系统上发起改扩建签入申请，录入智能变电站二次系统配置文件，满足录入资料的完整性和准确性，提交校验。

5）在验收过程中，使用 SCD 配置工具定期检查 SCD 文件有无自检错误或配置信息错误，确保 SCD 的准确性，保证文件无错误提交管控系统。

6）上传最终版 SCD 文件，保证与现场使用 SCD 文件一致。上传 CID 文件，根据管控系统自动生成的 CRC 校验码，保证与现场装置 CID 文件 CRC 校验码一致。

7）上传由 SCD 配置单位、调试单位、验收单位会签的配置文件一致性保证书。

8）改扩建配置文件上传内容为 CID 文件、CCD 文件（过程层配置文件）、ICD 文件、交换机配置文件、全站通信参数分配表、装置光口分配图、虚端子表、VLAN划分表。

配置文件的归档校核工作要点如下：

1）校核 SCD 文件回路连接关系的完整性、准确性及与现场一致性。

2）校核 CID、CCD（过程层配置文件）和交换机配置等文件的准确性、完整性及与现场一致性。

3）校核上传资料的完整性、准确性及与现场一致性。

6

试验装置与测试技术

智能变电站二次设备网络化的发展，设备间信息交互方式的改变，对智能变电站试验装置与测试工具提出了更高的要求。为满足智能变电站的系统联调、现场测试的需求，各厂商开发出新型试验装置与测试工具，如光数字继电保护测试仪、合并单元测试仪、光数字万用表、网络抓包工具等。本章分析了智能变电站测试的特点，重点介绍了智能变电站常用试验装置及测试工具的功能及应用。

6.1 智能二次设备测试特点

智能变电站采用 IEC 61850 标准，网络结构为三层两网，过程层增加了合并单元与智能终端等设备，正是由于这些变化，使得智能变电站继电保护及相关设备的检测测试与常规变电站相比有着明显的不同：

（1）测试内容发生变化。主要体现在两个方面：① 增加了智能二次设备及相关链接测试，包括 SCD 文件规范性检查测试，IED 装置模型数据与 SCD 文件的一致性测试，IEC 61850 标准一致性测试，合并单元、智能终端等装置的精度、动作时间、同步性能的测试；② 增加了过程层网络设备测试，包括交换机测试、光纤链路测试等。

（2）测试工具发生变化。随着智能变电站的发展，为满足智能变电站的系统联调、现场测试的需求，各厂商开发出网络报文分析仪、合并单元测试仪、光数字继电保护测试仪等多种试验装置。

（3）测试方法发生变化。智能变电站投运设备逐渐增加，智能设备相关检验、测试工作量同步增加。同时继电保护装置功能和接口的标准化、输入输出的数字化，为智能变电站更新试验方法，逐步开展单装置自动测试及变电站级整系统测试提供了技术条件。

6.2　光数字继电保护测试仪

6.2.1　光数字继电保护测试仪简介

为适应由常规变电站到智能变电站的转变，在传统测试仪的基础上，各厂家纷纷研发出了适应智能变电站保护测试需求的光数字继电保护测试仪。测试仪将电压、电流量按照 IEC 61850 协议打包并实时传送到被测设备，被测对象的动作信号通过硬触点或 GOOSE 报文反馈给测试仪，实现保护装置、智能终端等智能二次设备的闭环测试。

光数字继电保护测试仪与传统测试仪的区别主要体现在以下几点：

（1）信号输出方式不同。传统测试仪以模拟量方式输出电压、电流信号，需配置大功率输出单元，而光数字继电保护测试仪以数字量方式输出电压、电流信号，经过 CPU 按照规定格式组成报文发送，无须大功率输出，因而体积小、质量轻。

（2）参数配置不同。传统测试仪只需配置试验参数，而光数字继电保护测试仪由于被测保护装置二次回路集成于 SCD 文件中，测试仪在配置试验参数前，需先读取 SCD 配置文件，配置 SV、GOOSE 模块参数及端口参数。

（3）测试功能不同。智能变电站继电保护试验装置主要测试功能包括：基本功能测试、专用功能测试。其中基本功能测试增加了"网络及报文异常测试"，主要针对智能变电站中 SV 报文和 GOOSE 报文的异常情况进行模拟，而专用功能测试则为传统测试仪所具有的继电保护测试功能。

光数字继电保护测试仪一般分为常规式和便携式两种。常规式数字测试仪主要特点是接口齐全、测试模块完善，能够完成各类保护试验测试，但是体积较大、需要外接电源。便携式数字测试仪则刚好相反，体积小、接口少、自带电池供电。两种类型的测试仪特点鲜明，各有所长，可以根据不同的场合选择合适的类型。

6.2.2　光数字继电保护测试仪结构

1. 外观详细图解

以 DM5000E 光数字继电保护测试仪为例，其外形及结构如图 6-1 所示，外观说明见表 6-1。

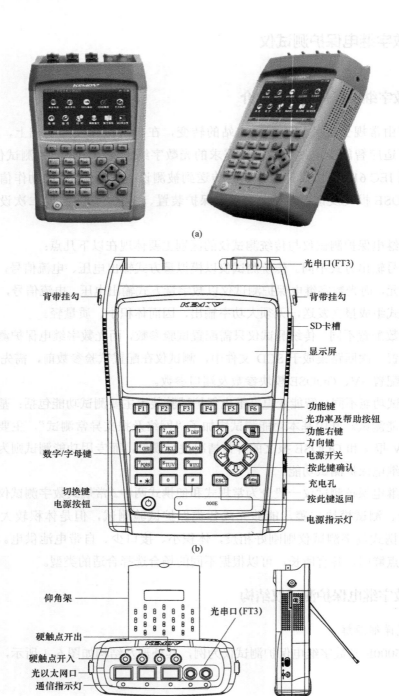

图 6-1　DM5000E 光数字继电保护测试仪

（a）外观图；（b）正视图；（c）俯视及侧视图

表 6-1   DM5000E 外观说明

编号	名称	功能
1	光串口（FT3）	IEC 60044-7/8 和光 IRIG-B 码接口
2	光以太网口	IEC 61850-9-1/2、GOOSE、IEEE 1588 接口
3	通信指示灯	光以太网、光串口工作指示灯
4	SD 卡槽	SD 卡接口，用于导入全站配置文件，获取 SMV 及 GOOSE 控制块配置信息
5	电源开关	位于测试仪右上角，对应有 ON/OFF 标记，可接通/断开测试仪电源，非开关机按钮，开机状态下，请勿利用该按钮关机；关机后，请将电源开关置于 OFF 位置
6	充电孔	位于测试仪右上角，测试仪充电电源适配器插孔，请在电源开关处于 ON 的位置且装置未开启状态下给测试仪充电
7	电源按钮	开关机及屏幕保护按钮。关机状态下，首先将电源开关置于 ON 位置，再按此钮开机；开机状态下，长按此钮约 3s，出现关机提示。开机状态下，按电源按钮可立即进入屏幕保护模式，屏幕保护状态下，按任意键返回。如需对电池进行充电，须保证此按钮处于 ON 位置
8	电源指示灯	关机充电过程中显示红色，充满后显示绿色；屏幕保护过程中，橙色闪烁
9	仰角架	仰角架可使测试仪斜置
10	数字/字母按键	数字与字母键复用，在可编辑输入的地方，按切换键可切换输入数字/字母

2. 硬件系统结构

光数字继电保护测试仪典型硬件系统结构如图 6-2 所示，主要由嵌入式 CPU 系统和对外接口组成，对外接口包括以太网口、光串口和 SD 卡接口、硬触点开入、硬触点开出。光以太网接口实现 IEC 61850-9-1、IEC 61850-9-2、GOOSE 报文的接收与发送、IEEE 1588 报文的接收，可接入光数字保护装置、合并单元、智能终端及 IEEE 1588 时钟；光串口采用复用技术，可接入支持 FT3 接口的光数字保护装置、合并单元，或具有光 IRIG-B 接口的时间同步系统。SD 卡接口支持全站配置文件的导入和录波数据的导出。

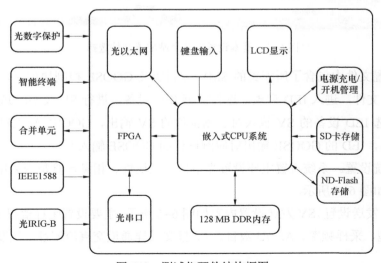

图 6-2　测试仪硬件结构框图

6.2.3　光数字继电保护测试仪功能及应用

光数字继电保护测试仪支持 SV、GOOSE 发送测试及接收测试，适用于智能变电站合并单元、保护、计量、智能终端、时间同步系统等 IED 设备的调试校验、遥信/遥测对点、光纤链路检查等方面，具体包括通用功能测试，SCD 比对检测及虚端子检查功能测试，SV 接收、发送测试，GOOSE 接收、发送测试，核相与极性测试，时钟系统测试，网络报文抓包与记录，故障回放，串接侦听等功能。以 DM5000E 为例，测试功能及应用具体如下：

（1）测试参数设置。传统测试仪采用电缆测试接线，进行交流或状态序列等测试前只需设置试验参数即可，而光数字继电保护测试参数设置，除了包括传统意义上的试验参数设置，还必须首先进行配置参数设置，即基本设置、系统设置、SV 发送设置、GOOSE 发送设置、GOOSE 接收设置。

结合光数字继电保护测试仪电压/电流测试模块，测试参数设置具体步骤如下：

（2）基本设置。基本设置如图 6-3 所示，主要选择全站配置文件（SCD 文件）、设置电压/电流通道一次/二次值的缺省值、MU 缺省延时值、测试仪开入硬触点的防抖确认时间等。

基本设置	
设置项	设置值
全站配置文件	220kV舟北变0606.kscd
电压一次额定缺省值(kV)	220.0
电压二次额定缺省值(V)	100
电流一次额定缺省值(A)	3000
电流二次额定缺省值(A)	5
MU额定延时缺省值(μs)	750
硬接点防抖时间(ms)	10
GMRP设置	□ 不使用GMRP
基本设置　导入IED	保存模板　导入模板

选择全站配置文件-1/2		
序号	文件名	文件大小
	无	
1	荆州220kV纪南变-1030.kscd	700.775 KB
2	龙山变130823.kscd	2.360 MB
3	沈家变2014xx.kscd	1.95 MB
4	甘肃酒泉750沙洲变20130607.kscd	2.668 MB
5	220kV舟北变0606.kscd	1.071 MB
6	110kV城东变.kscd	323.111 KB
7	塘州变20110919.kscd	336.979 KB
本机　SD卡　删除	选中&查看	导入

图 6-3　基本设置项及全站配置文件选择

全站配置文件中包含了所配置的 SMV 控制块及 GOOSE 控制块信息，因此一般通过导入 SCD 文件，进入 IED 列表，选择被测 IED 设备，进行 SV 及 GOOSE 的发送/接收设置。所选 IED 设备的 SV 输入对应测试仪的 SV 输出，GOOSE 输入对应测试仪的 GOOSE 输出，IED 的 GOOSE 输出对应测试仪的 GOOSE 输入。

（3）系统设置。系统设置主要设置光串口接收属性、相量计算是否采用补偿算法、密码权限，如图 6-4 所示。

（4）SV 发送设置。SV 发送设置内容如图 6-5 所示，主要设置采样值报文发送选项，包括 SV 类型、采样频率、ASDU 数目、SV 报文采样通道交直流属性、拟发送的 SV 选择等。

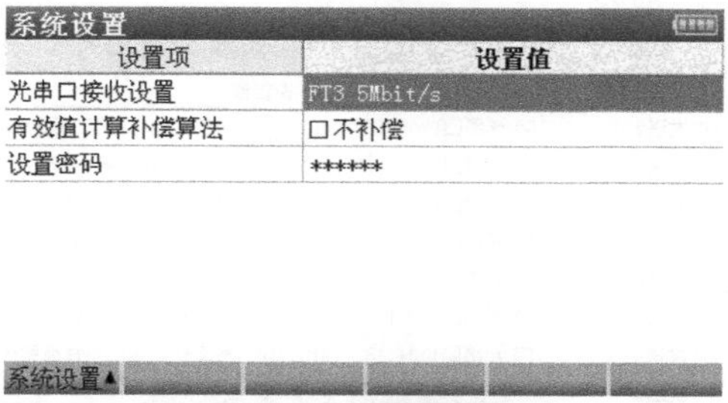

系统设置	
设置项	设置值
光串口接收设置	FT3 5Mbit/s
有效值计算补偿算法	□不补偿
设置密码	******

系统设置▲

图 6-4 系统设置

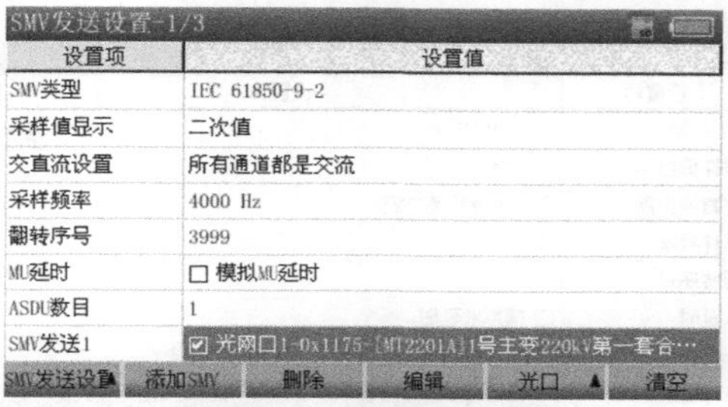

SMV发送设置-1/3	
设置项	设置值
SMV类型	IEC 61850-9-2
采样值显示	二次值
交直流设置	所有通道都是交流
采样频率	4000 Hz
翻转序号	3999
MU延时	□模拟MU延时
ASDU数目	1
SMV发送1	☑光网口1-0x1175-[MT2201A]1号主变220kV第一套合…

SMV发送设置▲ 添加SMV 删除 编辑 光口▲ 清空

图 6-5 SV 发送设置

SV 采样值报文发送一般测试过程如图 6-6 所示，具体步骤如下：

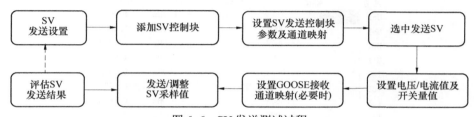

图 6-6 SV 发送测试过程

（5）添加发送的 SV 采样值控制块，可通过 3 种方式添加 SV：从全站配置中选择添加 SV、从扫描列表中选择添加 SV、手动添加 SV。

（6）编辑 SV 发送控制块参数及通道映射，如图 6-7 所示，根据需要添加或删除通道，编辑修改通道名称、通道类型、所属相位、一次/二次额定值、通道映射关系。

（7）选择发送 SV，设置各采样值控制块的发送光口。如图 6-8 所示，在 SV 列表中只有选中的才会按设置好的控制块参数及通道参数发送。图中 SMV 发送 1、SMV 发送 2、SMV 发送 3 为被选中发送项。

1）在电压/电流模块或状态序列模块中设置电流、电压值及开关量值，如图 6-9 所示。

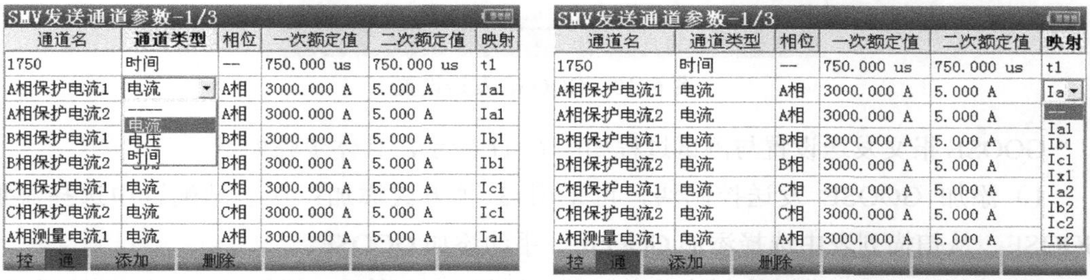

图 6-7 设置 SMV 发送控制块通道参数

SMV发送设置-1/2	
设置项	设置值
SMV类型	IEC 61850-9-2
采样值显示	二次值
交直流设置	所有通道都是交流
采样频率	4000 Hz
翻转序号	3999
MU延时	□ 模拟MU延时
ASDU数目	1
SMV发送1	☑ 光网口1-0x1175-[MT2201A]1号主变220kV第一套合…
SMV发送设置 添加SMV 删除 编辑 光口 ▲ 清空	

SMV发送设置-2/3	
设置项	设置值
SMV发送2	☑ 光网口1-0x1176-[MT2201B]1号主变220kV第二套合…
SMV发送3	☑ 光网口1-0x1177-[MT1101A]1号主变110kV第一套合…
SMV发送4	□ 光网口1-0x1178-[MT1101B]1号主变110kV第二套合…
SMV发送5	□ 光网口1-0x4079-[MT3501A]1号主变35kV第一套合并…
SMV发送6	□ 光网口1-0x4080-[MT3501B]1号主变35kV第二套合并…
SMV发送7	□ 光网口1-0x1181-[MT2221A]1号主变高压侧中性点第…
SMV发送8	□ 光网口1-0x1182-[MT2221B]1号主变高压侧中性点第…
SMV发送9	□ 光网口1-0x1183-[MT121A]1号主变中压侧中性点第…
SMV发送设置 添加SMV 删除 编辑 光口 ▲ 清空	

图 6-8　SV 发送列表

电压电流				
通道	幅值	相角	频率	步长
Ua1	55.000V	0.000°	50.001Hz	1.000V
Ub1	55.000V	-120.000°	50.000Hz	1.000V
Uc1	55.000V	120.000°	50.000Hz	1.000V
Ux1	57.735V	0.000°	50.000Hz	1.000V
Ia1	10.000A	0.000°	50.000Hz	0.167A
Ib1	5.000A	-120.000°	50.000Hz	0.167A
Ic1	5.000A	120.000°	50.000Hz	0.167A
Ix1	5.000A	0.000°	50.000Hz	0.167A
SMV GSE 发送SMV 加 减 扩展菜单				

图 6-9　电压电流界面

2）进行试验测试，发送并调整 SV 通道值，最终给出 SV 发送评估结果。

（8）GOOSE 发送设置。GOOSE 发送设置内容如图 6-10 所示，包括设置 GOOSE 心跳报文间隔时间、GOOSE 变位发送间隔时间 T_1、GOOSE 发送控制块参数。

GOOSE发送设置-1/2	
设置项	设置值
发送心跳间隔T0(ms)	5000
发送最小间隔T1(ms)	2
GOOSE发送1	□ 光网口1-0x1301-[MT220…]#2主变220kV合并…
GOOSE发送2	□ 光网口1-0x1401-[MT2202B]#2主变220kV合并…
GOOSE发送3	☑ 光网口1-0x1101-[MT5002A]#2主变500kV侧电…
GOOSE发送4	☑ 光网口1-0x1201-[MT5002B]#2主变500kV侧电…
GOOSE发送5	□ 光网口1-0x130d-[MT2203A]#3主变220kV合并…
GOOSE发送6	□ 光网口1-0x1405-[MT2203B]#3主变220kV合…
GOOSE发送设置 添加GOOSE 删除 编辑 光口 ▲ 清空	

（GOOSE发送控制块设置）

图 6-10　GOOSE 发送设置

GOOSE 报文发送设置与测试过程如图 6-11 所示，具体步骤如下：

1）添加 GOOSE 发送控制块，可采用 3 种方式添加：从全站配置中选择添加 GOOSE、从扫描列表中选择添加 GOOSE、手动添加 GOOSE。

2）编辑 GOOSE 发送控制块通道参数，如图 6-12 所示，根据需要添加/删除通道，修改通道数目，编辑通道类型。

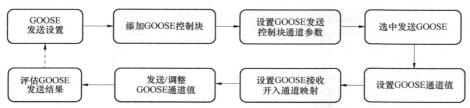

图 6-11　GOOSE 发送设置与测试过程

图 6-12　GOOSE 发送控制块通道参数设置

3）选择发送 GOOSE。在 GOOSE 发送列表中选中需发送的 GOOSE，设置 GOOSE 发送光口，如图 6-13 所示。

图 6-13　选择发送 GOOSE 通道

（9）在电压/电流模块或者状态序列模块设置 GOOSE 通道值，如图 6-14 所示。

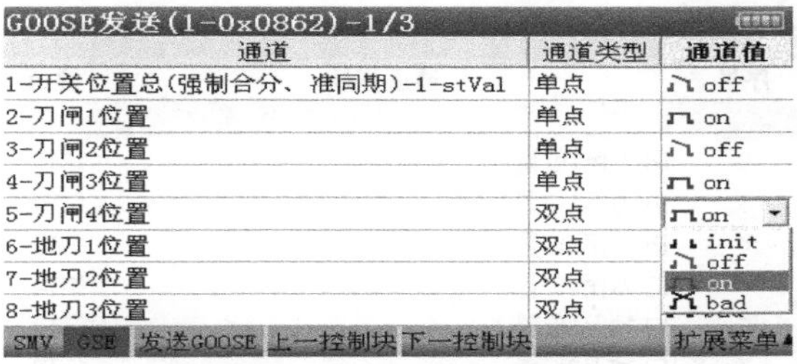

图 6-14　电压/电流模块 GOOSE 通道设置

1）设置 GOOSE 条目需要映射的 GOOSE 开出，如图 6-15 所示。

图 6-15　GOOSE 开出映射

2）进行试验测试，发送并调整 GOOSE 通道值，最终给出 GOOSE 发送评估结果。

3）GOOSE 接收设置。GOOSE 接收设置主要设置测试中开关量反馈输入 GOOSE 通道与测试仪内置的 8 个数字输入通道的映射关系，便于直观地了解测试结果。GOOSE 接收设置不影响 GOOSE 报文监测功能。GOOSE 接收设置过程如图 6-16 所示。

图 6-16　GOOSE 接收设置过程

（10）选择从实时扫描列表或全站配置文件中添加 GOOSE 控制块，如图 6-17 所示。

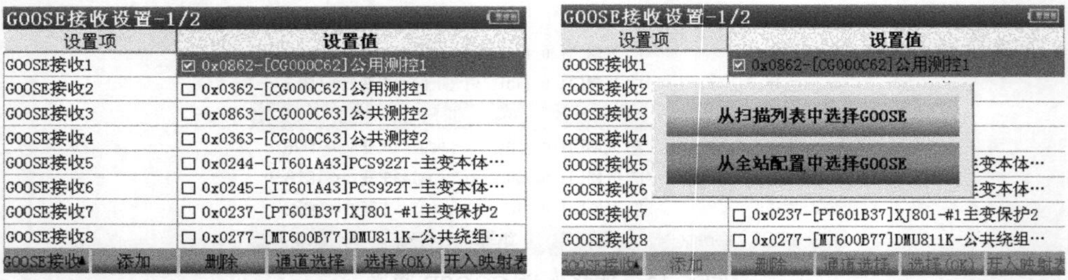

图 6-17　GOOSE 控制块添加

（11）选择 GOOSE 控制块及 GOOSE 通道，如图 6-18 所示。

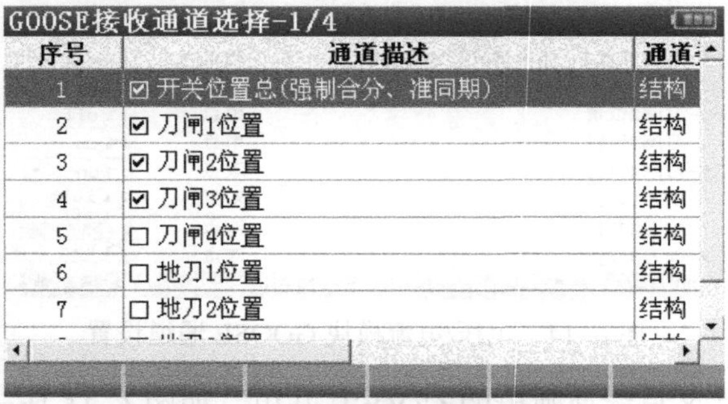

图 6-18　GOOSE 控制块添加及选择

设置 GOOSE 开入映射关系，如图 6-19 所示，其中开入映射表按选中的 GOOSE 控制块列表顺序和选中的通道顺序自动形成。

开入量	控制块	通道
DI1	0x0862-[CG000C6···	通道#1-开关位置总(强制合分、···
DI2	0x0862-[CG000C6···	通道#2-刀闸1位置
DI3	0x0862-[CG000C6···	通道#3-刀闸2位置
DI4	无	无
DI5	无	无
DI6	无	无
DI7	无	无
DI8	无	无

图 6-19 GOOSE 开入映射表

（12）SV、GOOSE 接收测试。

1）SV 接收测试。SV 接收测试通过扫描侦听 SV 报文，实现 SV 报文电气量有效值、波形、相位、相序、功率、谐波等多种方式监测，以及报文中双 AD 信息、报文详细信息显示及报文统计，对异常 SV 报文进行通道品质测试和丢帧测试，并能校核报文中 MU 传输延时参数。

采样值 SV 接收测试由 DM5000E 的"SMV 接收"模块完成，根据实时扫描到的 SV 报文列表，如图 6-20 所示，选择所需要监测的 SV 报文，按监测内容选择相应的选项，如图 6-21 所示。

序号	类型	APPID	描述
1	9-2	0x4001	[E1Q1SB100]220ＸＸ电厂线A网合···
2	9-2	0x4002	[E1Q1SB101]220ＸＸ电厂线B网合···
3	9-2	0x4003	[E1Q1SB102]220ＸＸ电厂线A网合···
4	9-2	0x4004	[E1Q1SB103]220ＸＸ电厂线B网合···
5	9-2	0x4023	[E1Q1SB136]220ＸＸ线A网合并器
6	9-2	0x4024	[E1Q1SB137]220ＸＸ线B网合并器
7	9-2	0x4005	[E1Q1SB104]220母联A网合并器
8	9-2	0x4006	[E1Q1SB105]220母联B网合并器

图 6-20 SV 扫描列表

当接收报文发生丢帧、错序、断链等异常时，测试仪自动记录异常报文，并进行报文及波形分析，报文记录格式为通用的 PCAP 格式。测试仪具有报文暂态记录功能，可实时接收并监测 SV 及 GOOSE 报文，在出现丢帧、错序、断链等异常状况时，对报文自动进行记录，记录异常前 200ms 及异常后 1000ms 时间报文数据。

1/9-SMV有效值(0x4001)-1/2	
频率	49.910 Hz
有效值	0.000μs
波形图	600.000A∠0.00°
相量图	600.000A∠−120.00°
序量	600.000A∠120.00°
功率	600.000A∠0.00°
谐波	110.000kV∠0.00°
双AD	600.000A∠0.00°
报文监测	600.000A∠−120.00°
报文统计	
有效值 ▲	暂停　设置

图 6-21　SV 接收监测功能切换菜单

　　如图 6-22 所示,可在测试仪上对 SV 及 GOOSE 报文进行解析与分析,查看报文原码及解析后的报文。对 SV 异常报文还可进行波形分析,对波形进行放大、缩小,读取光标处电压、电流信息,报文记录格式为 PCAP 格式,存储于 SD 卡中,如图 6-23 所示。

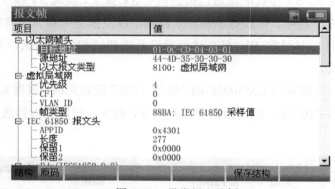

图 6-22　异常报文分析

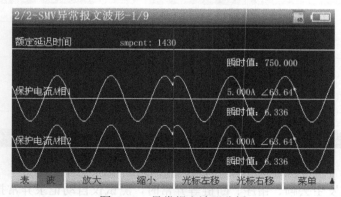

图 6-23　异常报文波形分析

　　2)GOOSE 接收测试。GOOSE 接收测试通过扫描侦听 GOOSE 报文,显示 GOOSE 通道值、GOOSE 通道变位信息以及 GOOSE 报文帧信息,如图 6-24、图 6-25 所示。

1/3-GOOSE实时值(APPID:0862)-1/6			
stNum	1	3-通道#3	0000000000000
sqNum	7	3-通道#3	08:00:00.000
TTL	10000	4-通道#4	TRUE
1-通道#1	TRUE	4-通道#4	0000000000000
1-通道#1	1010101111111	4-通道#4	08:00:00.000
1-通道#1	08:00:00.000	5-通道#5	TRUE
2-通道#2	TRUE	5-通道#5	0000000000000
2-通道#2	0000000000000	5-通道#5	08:00:00.000
2-通道#2	08:00:00.000	6-通道#6	TRUE
3-通道#3	TRUE	6-通道#6	0000000000000

值 变 帧

图 6–24　GOOSE 报文通道信息

2/3-GOOSE变位列表(APPID:0862)-1/8

	1-开关位置…	2-刀闸1位置	3-刀闸2位置	4-刀闸3位置
0	13:37:13.296		15:02:26.172	
1	13:57:11.672		15:03:22.641	
2			16:12:35.328	
3				
4				
5				
6				
7				
8				
9				

值 变 帧 绝对 相对

2/3-GOOSE变位列表(APPID:0862)-1/8

	1-开关位置…	2-刀闸1位置	3-刀闸2位置	4-刀闸3位置
0	00:00:00.000		00:00:00.000	
1	00:19:58.376		00:00:56.469	
2			01:10:11.156	
3				
4				
5				
6				
7				
8				
9				

值 变 帧 绝对 相对

图 6–25　GOOSE 通道变位及变位时间信息

（13）状态序列测试。支持 SMV 多个状态按预先设定序列输出测试，最大状态数可达 10 个，各状态品质位可设，并可进行谐波叠加，参数设置具有短路模拟和故障计算功能，其应用一般包括以下几个方面：

1）一般应用。状态序列测试可测量保护动作时间，将保护动作信号映射到开入中，设置故障前和故障态数据，保护动作后可在结果中显示动作时间。

2）高级应用。状态序列测试可进行复杂的保护过程校验，将保护装置需要接收的位置信号映射到开出中，设置不同状态的开出位置，并配合开入量触发或时间触发模式，可完成重合闸后加速、备自投校验等较为复杂的试验。

3）特殊应用。状态序列中的每个状态都能够单独设置 SV 通道品质，可在 SV 品质异常情况下校验保护的动作行为；能够单独设置谐波叠加值，可用于谐波制动等测试；第一个状态能够设置为 GPS 触发，可实现多台装置间的同步测试。

“状态序列”按 SV 发送设置好的 SV 控制块及通道映射发送 SV 报文，按 GOOSE 接收设置的内置 DI 开入和接收 GOOSE 通道的映射关系反映试验结果。在 DM5000E 主界面选择“状态序列”，即可进入状态序列列表界面，数据设置如图 6–26所示，试验结果如图 6–27所示。

4）串接侦听功能。可将装置串接在两个 IED 之间对 SV、GOOSE 报文进行实时侦听。常规变电站可采用互感器二次侧电压并联、电流串联方式对待测设备进行监测，捕捉其异常运行状况。智能变电站采用光数字报文传输电压、电流及开关量，已无法用串并

通道	幅值	相角	频率
Ua1	57.735V	0.000°	50.000Hz
Ub1	57.735V	-120.000°	50.000Hz
Uc1	57.735V	120.000°	50.000Hz
Ux1	57.735V	0.000°	50.000Hz
Ia1	5.000A	0.000°	50.000Hz
Ib1	5.000A	-120.000°	50.000Hz
Ic1	5.000A	120.000°	50.000Hz
Ix1	5.000A	0.000°	50.000Hz

状态1数据

数据 设置 上一状态 下一状态 通道映射 故障计算 谐波设置

(a)

故障计算-1/2

设置项	设置值
故障类型	A相接地短路
计算模型	电压恒定
故障方向	正向
额定电压(V)	57.7
负荷电流(A)	5.0
负荷功角(°)	75.00
线路阻抗Z1	1.000∠80.00°
线路零序补偿系数(K1)	0.667∠0.00°

(b)

图 6-26　状态数据设置
（a）数值设置；（b）故障类型设置

试验结果

状态	开始时间	开入量动作
1	00:00:000	无开入量动作
2	00:01:000	DI1(1)
3	00:01:506	无开入量动作
4	00:02:506	无开入量动作
5	00:03:506	无开入量动作
6	00:04:506	无开入量动作
7	00:05:506	无开入量动作
停止	00:06:506	----

(a)

开入量动作

开入量	变位次数	变位1(ms)	变位2(ms)	变位3(ms)
DI1	1	500.0		
DI2	0			
DI3	0			
DI4	0			
DI5	0			
DI6	0			
DI7	0			
DI8	0			

(b)

图 6-27　试验结果
（a）试验结果界面；（b）开入量动作界面

联方式进行故障及保护异常监测。数字式测试仪提供了串接侦听功能，其光网口1及光网口2可串接在两个IED之间对两个IED间相互传输的SV、GOOSE报文进行实时监测，例如将测试仪串接在继电保护装置与合智单元之间，如图6-28所示。

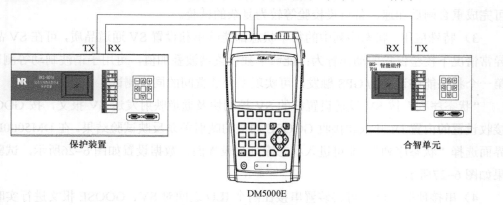

图 6-28　串接侦听连接图

串接完成后，进入串接侦听功能模块，测试仪自动扫描到合智单元发送给保护的 SV 控制块, 保护发送给合智单元的跳闸 GOOSE 控制块及合智单元发送给保护的断路器位置 GOOSE 控制块, 选择控制块进入即可进行报文及状态监测, 如图 6-29 所示。

No.	类型	APP ID	光口	描述
1	9-2	0x4301	1	[MT2202A] #2主变220kV侧合并单元A
2	9-2	0x4401	1	[MT2202B] #2主变220kV侧合并单元B

(a)

No.	类型	APP ID	光口	描述
1	9-2	0x4301	1	[MT2202A] #2主变220kV侧合并单元A
2	9-2	0x4401	1	[MT2202B] #2主变220kV侧合并单元B

(b)

图 6-29 串接侦听扫描列表

(a) SMV 串接侦听; (b) GOOSE 串接侦听

5) 智能终端测试。光数字继电保护测试仪具有智能终端动作延时测试功能, 可测量智能终端 GOOSE 开出转 GOOSE 开入、GOOSE 开出转硬触点开入、硬触点开出转 GOOSE 开入、硬触点开出转硬触点开入的传输延时。

以测量智能终端动作时间为例, 光数字继电保护测试仪具有一对开入硬触点, 可测试智能终端的动作时间, 连接如图 6-30所示。测试仪的以太网口中的其中一对连接至智能终端 GOOSE 输入口, 同时其硬触点开入连接至智能终端的硬触点开出。

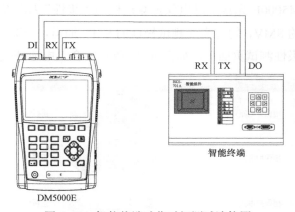

图 6-30 智能终端动作时间测试连接图

根据 SCD 文件配置好 GOOSE 发送, 进入智能终端延时测试功能, 模拟保护输出 GOOSE 跳闸报文, 接收智能终端的跳闸硬触点信号, 测试结束后从开关量动作列表可读取智能终端接收保护跳闸 GOOSE 转为硬触点开出的延时值, 如图 6-31 所示。

6) 极性校核功能。具有 MU 输出光数字 SV 控制块的极性校核功能, 支持直流电源法下的常规互感器及光电互感器保护与测量线圈的极性校核。

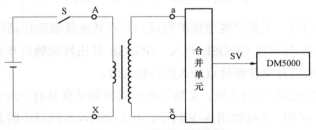

智能开关延时		开关量动作列表				
硬开出1	硬开入1	开关量	动作1(ms)	动作2(ms)	动作3(ms)	动作4(ms)
开出1-0x0152-跳A相	开入1-0x1137-启动	硬开入1	2494.620	5885.030	8495.660	11077.170
开出2-0x0152-跳B相	开入2-0x1137-跳A相动作	开出2	0.000	4600.250	8000.470	10100.540
开出3-0x0152-跳C相	开入3-0x1137-跳B相动作					
开出4-0x0152-跳三相	开入4-0x1137-跳C相动作					
开出5-0x0152-永跳	开入5-0x1137-合闸动作					
开出6-0x0152-GO开出6	开入6-0x1137-压力降低禁止跳闸					
	开入7-0x1137-压力降低禁止重…					
	开入8-0x1137-压力降低禁止合闸					
开始试验 立即生效 ▲ 扩展菜单 ▲		刷新 设为基准 清除基准				

(a)　　　　　　　　　　　　　(b)

图 6-31　智能终端动作时间测试
(a) 测试界面；(b) 测试结果

　　测试原理为采用 9～12V 锂电池加在一次绕组侧，产生短路电流，进而在合并单元侧产生偏转信号，通过使用便携式测试仪在合并单元侧接收对应的输出报文，查看极性，测试原理如图 6-32 所示。

图 6-32　极性测试原理图

　　极性校核由 DM5000E 光数字继电保护测试仪的"极性"模块完成，进入"极性"界面后选择扫描到的 SMV，勾选需要测试极性的 SMV 通道，一次性最多可对 6 个通道进行测试，切换到极性测试页面后，如图 6-33 所示，合上电池开关，观察测试结果。

极性测试-220kV江纪I回线路合并单元A套PCS221G		
2-A相保护电流1_9_2		正极性
3-A相保护电流2_9_2		正极性
4-B相保护电流1_9_2		正极性
停止	通道选择	设置

图 6-33　极性校核

　　7）二次核相功能。便携式测试仪利用 2 个待核相的合并单元数据实现二次核相，如图 6-34 所示。任选一路电压作为基准，显示待核相电压组别的幅值、相位、频率及幅值差、相位差等信息作为核相参考，可检验同侧电压相序、有效值是否正确，不同侧电压有效值、相位关系是否正确。

　　DM5000E 光数字继电保护测试仪支持本地与异地两种核相方式。本地核相是指从两个合并单元各拉一对光纤接至测试仪的两个光以太网口实现核相；异地核相是考虑到如果两个合并单元相距较远，放 2 根很长光纤不方便，在这种模式下，只需一对短光纤，先接一个合并单元测量电压相量，再接至另一合并单元测量即可。

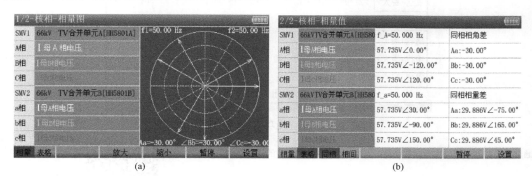

(a)　　　　　　　　　　　　　　(b)

图 6-34　本地核相方式

(a) 相量图；(b) 同相相量关系表

　　8）网络报文记录功能。报文格式为标准 PCAP 格式，可记录智能变电站 SV、GOOSE、IEEE 1588、MMS、GMRP 等网络报文，支持异常报文记录。报文记录如图 6-35 所示。

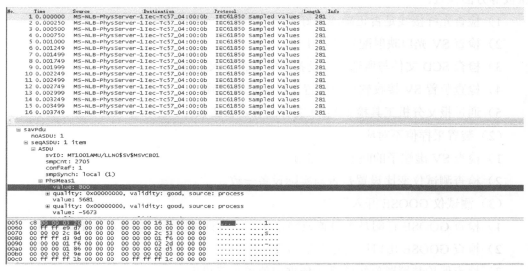

图 6-35　网络报文记录

　　9）光功率测试。将待测设备的尾纤接入便携设备，可测出相应的光功率。该测试可辅助现场调试中进行的光纤链路测试。在 DM5000E 光数字继电保护测试仪任何界面下，按"光功率及帮助"键，选择"光功率模块"即可进入光功率测试页面，在该页面下可进行光网口 1~3 的光发送及接收功率测试，如图 6-36 所示。

电压电流	光网口1	光网口2	光网口3
发送(当前)	22.3uW, −16.5dBm	0.0uW	24.0uW, −16.2dBm
发送(最小)	22.2uW, −16.5dBm	0.0uW	23.9uW, −16.2dBm
发送(最大)	22.7uW, −16.4dBm	25.7uW, −15.9dBm	24.7uW, −16.1dBm
接收(当前)	17.9uW, −17.5dBm	0.0uW	16.8uW, −17.7dBm
接收(最小)	0.0uW	0.0uW	16.7uW, −17.8dBm
接收(最大)	19.0uW, −17.2dBm	0.1uW, −40.0dBm	17.7uW, −17.5dBm
温度(℃)	68.6	57.1	65.1
关闭 (ESC)			

图 6-36　光功率测试

通过扫描右侧二维码观看光数字继电保护测试仪 DM5000E 的使用视频。

6.2.4　典型异常及处理方法

光数字继电保护测试仪在测试时常见问题包括测试仪 GOOSE 开入异常、装置无采样数据、采样值不对应等，具体检查和处理方法如下：

（1）装置无采样数据。装置无电压、电流采样数据，可从光纤接线、SV 光口配置、压板等方面检查。

1）检查光纤接线是否正确或完好。

2）检查 SV 光口映射配置是否正确。

3）检查 SCD 文件与所选对应设备间隔是否导入正确。

4）检查装置 SV 接收软压板配置及投退是否正确。

5）通过报文分析工具检查 SCD 文件配置是否错误。

（2）装置采样值不对应。

1）检查 SV 虚端子的映射是否正确。

2）检查测试仪变比设置是否与实际设备一致。

（3）测试仪 GOOSE 开入异常。

1）检查 GOOSE 订阅是否设置或绑定光口，检查相应光口参数是否正确设置。

2）检查 GOOSE 出口压板是否正确投入。

3）检查保护装置跳闸矩阵是否依据定值单正确设定。

（4）保护装置开入异常。

1）检查在 GOOSE 数据集中数据类型是否选择错误，例：双点型"01""10"选为单点型 True、False。

2）检查 GOOSE 发布配置是否有误。

6.3 合并单元测试仪

6.3.1 合并单元测试仪简介

合并单元是智能变电站数据采集的重要设备，其主要功能是通过汇集（或合并）多个互感器的输出信号，获取电流和电压采样值并传输到继电保护、测控设备，是二次设备数据采集、合并、转换的重要环节，因此对合并单元的功能及性能的测试，成了智能站测试工作的重要内容。

合并单元测试仪是为合并单元专项测试而开发的测试工具，能够进行精度测试，首周波测试，报文响应时间测试，采样值报文间隔离散值测试，时钟性能测试，电压并列、切换功能测试等合并单元专项测试项目。

6.3.2 合并单元测试仪结构

1. 外观详细图解

以 PNI302 合并单元测试仪为例，测试仪正视图、左视及右视图如图 6–37 所示。

2. 硬件结构原理

合并单元测试仪硬件系统结构如图 6–38 所示，主要包括数据处理模块、电流/电压输出模块、报文收发模块、同步时钟接收模块、交换机及内部计算机。其中数据处理模块采用 ARM、DSP、FPGA、DA 转换器和低通滤波器作为核心部件。通过 DSP 和 FPGA 部件，合并单元测试仪产生准确的测试电压、电流信号；再通过 D/A 转换器和低通滤波器保证测试电压、电流稳定精确输出，由报文收发模块接收被测装置发出的多路带时标的 IEC 61850 格式或 IEC 60044 格式的数字报文，并传送至 FPGA 进行处理，由此构成一个闭环的测试系统，实现对合并单元延时、角差、采样精度等全自动、准确的测试。

6.3.3 合并单元测试仪功能及应用

合并单元测试仪通过输出电流/电压量至被测试合并单元，将合并单元输出的采样信号反馈测试仪，测试仪在输出模拟量的时候，其内部也同时对其输出的模拟量进行采集，测试仪将内部模拟量采集的结果与合并单元送出的采样信号进行对比分析，得出其幅值误差、相位误差、谐波误差、谐波含量、额定延时等信息，进而判断被测试合并单元相关指标是否符合要求。以 PNI302 为例，合并单元测试仪的主要测试项目如下：

1. 精度测试

（1）原理及接线。针对合并单元现场实际使用情况，为保证合并单元组网模式及点对点模式下精度要求，合并单元测试仪对组网口数据采用同步法数据计算模式，对点对

(a)

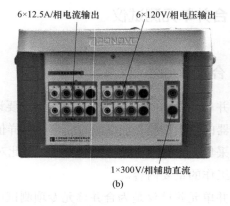

6×12.5A/相电流输出　　　6×120V/相电压输出

1×300V/相辅助直流

(b)

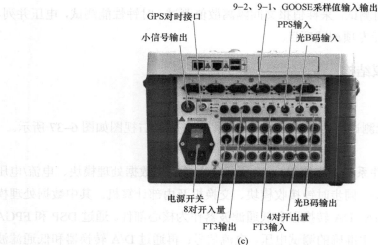

小信号输出

GPS对时接口

9-2、9-1、GOOSE采样值输入输出

PPS输入

光B码输入

电源开关

8对开入量

FT3输出

FT3输入

4对开出量

光B码输出

(c)

图6-37　合并单元测试仪外示意图

(a) 正视图；(b) 左视图；(c) 右视图

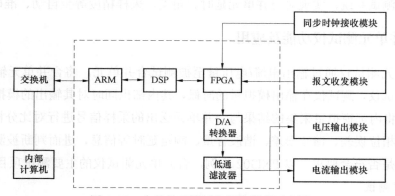

图6-38　合并单元测试仪结构原理示意图

点口数据采用插值法计算模式。

方式 1：同步法

在同步方式下，用合并单元测试仪输出一组模拟量，同时从待测合并单元输出侧接收数字报文，测量其幅值、频率、相位、功率等交流量，与测试仪输出的模拟量进行比较。对待测合并单元和测试仪发送的 1min 内每一个采样点数据的幅值和时标进行分析比较，显示幅值和时标的偏差的分布曲线和最大偏差的统计结果。实际测试时可采用站内时钟和测试仪自带时钟，具体接线如图 6-39 和图 6-40 所示。

方式 2：插值法

在非同步方式下，由于标准采样模块与合并单元在各自的时钟下进行采样，此时合并单元测试仪根据 SV 报文的接收时标及额定延时对采样值进行插值，从而得到与合并单元在同一时标下的采样信号，再计算标准信号与被检测信号的幅值差和延时误差，接线原理如图 6-41 所示。

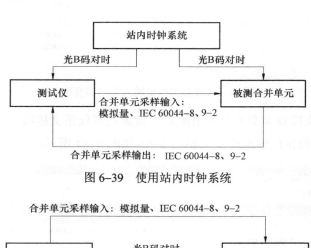

图 6-39 使用站内时钟系统

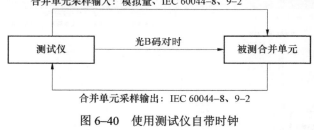

图 6-40 使用测试仪自带时钟

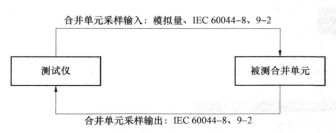

图 6-41 插值法接线

（2）测试配置。

1）合并单元输入配置。点击测试界面中的 IEC 配置按钮，设置输入类型和变比，如图 6-42 所示。

图 6-42　设置采样值输入类型和变比

2）测试仪报文接收类型及其通道配置。设置测试仪报文接收类型，映射测试仪接收到的报文通道与测试仪输出通道，如图 6-43 和图 6-44 所示。

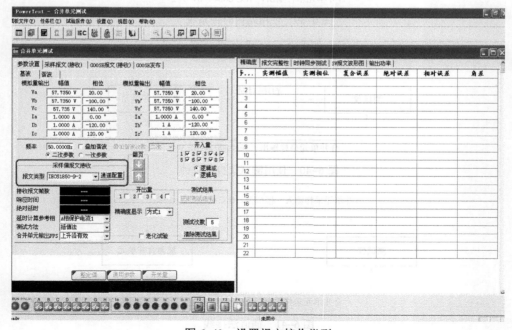

图 6-43　设置报文接收类型

图 6-44　采样通道配置

（3）测试执行。选择界面参数，电压、电流输出值，选择同步法与插值法，如图 6-45
所示。同步法须使用测试仪为合并单元对时，插值法可不依赖于对时信号。

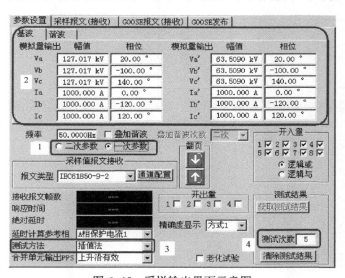

图 6-45　采样输出界面示意图

2. 首周波测试

首周波测试功能主要用于测试合并单元在完成采样并输出报文时，是否存在延迟了整数个周波的现象。一般的测试方法是通过升压升流设备加量或功率源二次加量进行检测。

首周波测试接线如图 6–46 所示，利用合并单元测试仪产生一个周波的模拟信号并只输出一个周波信号，若合并单元正确的发送 SV 报文，则测试仪的标准采样信号与 SV 报文中被检的采样信号基本重叠。若合并单元延时一个周波，将能从标准及被检的采样波形中对比出来，如图 6–47 所示。

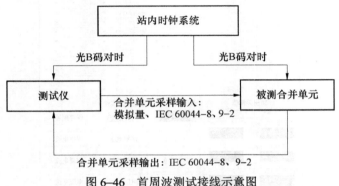

图 6–46　首周波测试接线示意图

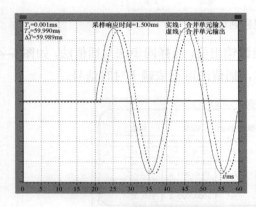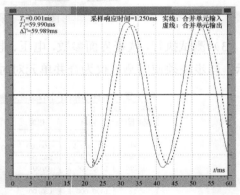

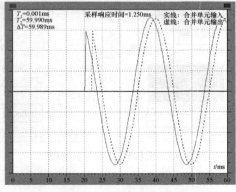

图 6–47　首周波测试输出波形示意图

3. 报文响应时间测试

测试仪与外部时钟单元同步后，每收到一个 PPS，测试仪测量输出一组从零相位开始的模拟量，同时从待测合并单元接收数字报文并标记时标，综合 D/A 输出延时等因素计算过零点或最大值之间的时间差即为报文响应时间，报文响应时间减去通道固有延时即为响应时间误差，也就是合并单元的绝对延时，接线方式与精度测试的接线方式相同，测试结果如图 6-48 所示。

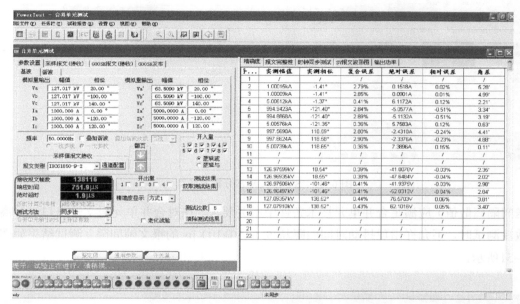

图 6-48 报文响应时间测试

4. SV、GOOSE 报文异常分析及统计

（1）SV 报文异常分析及统计。对采样值丢包、错序、重复、失步、采样序号错、品质异常、通信超时恢复次数、通信中断恢复次数等影响合并单元正常工作的异常进行实时分析及统计，如图 6-49 所示。在合并单元没有接收对时信号的状态下，出现失步次数的统计是正常的。若在有效对时下，出现了失步次数的统计则说明合并单元存在异常。

（2）GOOSE 报文异常分析及统计。对 GOOSE 变位次数、Test 变位次数、Sq 丢失、Sq 重复、St 丢失、St 重复、编码错误、存活时间无效、通信超时恢复次数、通信中断恢复次数等影响合并单元正常工作的异常进行实时分析及统计，测试结果如图 6-50 所示。

5. 采样值报文间隔离散值测试

在合并单元采用点对点通信模式下，合并单元测试仪记录接收到的每帧采样值报文的时刻，并据此计算出连续两帧之间的间隔时间 T。T 与额定采样间隔之间的差值（发

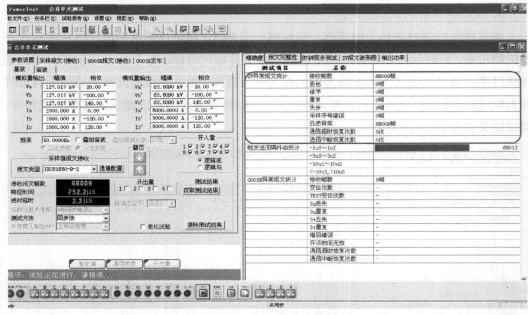

图 6-49　SV 报文异常分析及统计

送间隔离散值）应满足合并单元技术条件中相关要求。在对合并单元报文输出口进行离散性测试时，不允许出现抖动时间间隔超过（250±10）μs 的报文帧间隔，测试结果如图6-51所示。

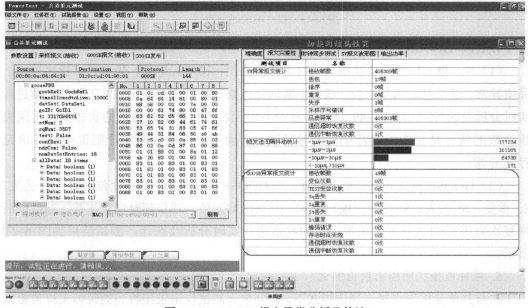

图 6-50　GOOSE 报文异常分析及统计

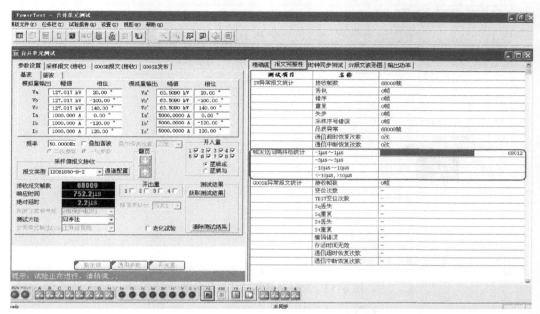

图 6-51 采样值报文间隔离散值测试

6. 时钟性能测试

合并单元测试仪的时钟性能测试包括合并单元的对时精度、守时精度测试。

（1）对时精度测试。利用合并单元测试仪的标准时钟源对合并单元授时，待合并单元对时稳定后，利用时钟测试仪以 1 次/s 的频率测量合并单元和标准时钟源各自输出的 1PPS 信号有效沿之间的时间差的绝对值 Δt，如图 6-52 所示。连续测量 1min，1min 内测得的 Δt 的最大值即为最终测试结果，测试结果如图 6-53 所示。对时误差的最大值应不大于 1μs。

图 6-52 对时精度测试

（2）守时精度测试。如图 6-54 所示，合并单元先接收测试仪时钟源的授时，待合并单元输出的 1PPS 信号与标准时钟源的 1PPS 的有效沿时间差稳定在同步误差阈值 Δt 之后，撤销标准时钟源的授时。从撤销授时的时刻开始计时，合并单元使其输出的 1PPS 信号与标准时钟源的 1PPS 的有效沿时间差保持在 Δt 之内的时间段 T 即为该合并单元可以有效守时的时间，满足 10min 内误差不超过 4μs 的精度要求，测试结果如图 6-55 所示。

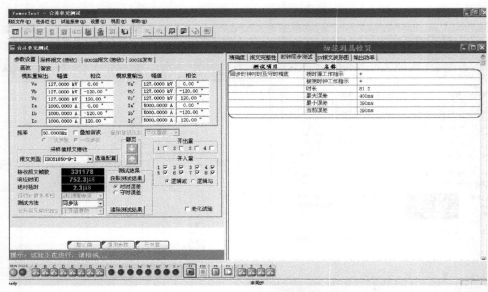

图 6-53　对时精度测试结果示意图

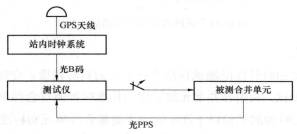

图 6-54　守时精度测试

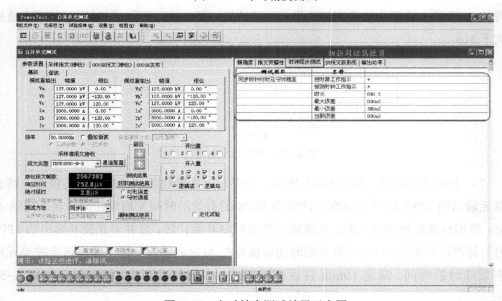

图 6-55　守时精度测试结果示意图

7. 电压并列、切换功能测试

（1）电压并列功能。利用合并单元测试仪给合并单元加上两组母线电压，将切换把手打到强制Ⅰ母电压或者强制Ⅱ母电压状态，分别在有 GOOSE 母联断路器及隔离开关位置信号和无 GOOSE 母联断路器及隔离开关位置信号的情况下检查电压并列功能是否正确，如图 6-56 所示。

图 6-56 母线合并单元电压并列功能测试接线图

（2）电压切换功能。利用合并单元测试仪给合并单元加上两组母线电压，通过 GOOSE 向合并单元发送不同的隔离开关位置信号，检查切换功能是否正确，如图 6-57 所示。

图 6-57 间隔合并单元电压切换功能测试接线图

通过扫描右侧二维码观看合并单元测试仪 PNI302 的使用视频。

6.3.4 典型异常及处理方法

合并单元测试应用过程中常见问题包括接线错误、配置不对应等，典型检查分析和处理方法如下：

（1）合并单元无采样数据。模拟量接入式合并单元可以从以下几点进行分析：

1）检查电压、电流接线是否正确，是否接到对应合并单元端子排上；

2）检查测试仪是否设置正确并输出，用万用表检查测试仪是否正确输出。

数字量接入式合并单元（级联电压）可以从以下几点进行分析：

1）合并单元级联电压规约是否匹配，如级联为 IEC61850-9-2/60044-8（可扩展）规约，则检查测试仪发送报文配置/光口选择是否正确；

2）检查光纤接线是否正确或完好，若测试设备的连接灯不亮，判断收发光纤是否接反，若还不亮则判断光纤是否损坏。

（2）合并单元测试角比差过大：

1）若比差过大而角差正确，则检查实际合并单元变比与定值单、测试仪设置是否一致，若与定值单不一致则合并单元变比需要重新正确下装，若与测试仪设置不一致则需修改测试仪参数；

2）若比差正确而角差过大，则检查实际电压、电流是否相序反接，检查测试仪配置通道是否相序反；

3）检查接收报文的通道配置是否导入正确；

4）检查接收通道的关联是否正确，实际电流相序与测试仪相序是否对应；

5）如级联为 IEC 61850-9-2 时，需要相应合并单元设备厂家实际级联延时为多少，设置与实际延时不一致会导致测试中角差误差比较大。

（3）合并单元测试报文响应时间误差较大。检查合并单元测试仪与被测合并单元对时是否正常，通常测试仪通过测试界面直接显示对时状态，被测合并单元宜在断电重启后检查对时异常灯指示。

6.4 网络抓包工具

6.4.1 网络抓包工具简介

智能变电站中，设备之间的网络通信已成为信息交互和共享的主要方式。对网络报文的获取和分析，不仅可以提前发现通信网络的薄弱环节和故障设备，预防电力系统事故的发生，也是查找和分析事故的有效手段。

常用的抓包工具有 Ethereal 和 WireShark。Ethereal 和 WireShark 均是开放源代码的报文分析工具，支持 Linux 和 Windows 平台。在智能变电站调试过程中，工程人员通常利用 Ethereal 对站控层的 MMS 报文和过程层的 GOOSE 报文进行抓包分析，利用 Wireshark 对过程层的 SV 采样值进行解析。本节以 Ethereal 为例，简要介绍网络抓包工具的使用方法。

6.4.2 使用方法

以抓取 GOOSE 报文为例，将报文发送装置的发送端（光口）接到光电转换器光口上，将计算机用网线与光电转换器的电口相连，打开抓包软件 Ethereal。

（1）主界面。主界面如图 6–58 所示，"options"进行抓包配置，"Filter"可以输入过滤条件显示抓到的报文。

图 6-58　Ethereal 主界面

（2）抓包配置。首先，在"Interface"项中选择网卡，即将来用于抓包的接口，网卡选择不正确就会捕捉不到报文；"Display Options"（显示设置）中，建议选中"Update list of packets in realtime"（实时更新抓包列表）、"Automatic scrolling in living capture"（自动滚屏）、"Hide capture info dialog"（隐藏抓包信息框）三项；"Capture packets in promiscucous mode"（混杂模式抓包）是指捕捉所有的报文，若不选中则只捕捉本机收发的报文；若选中"Limit each packet to"（限制每个包的大小）项，则只捕捉小于该限制的包。设置完成后即可点击"Start"开始捕捉，左边第四个按钮是"Stop"，选中后停止正在进行的抓捕；左边第五个按钮是"Restart"，选中后再次执行和上次相同设置的抓捕。Ethereal 参数设置如图 6-59 所示。

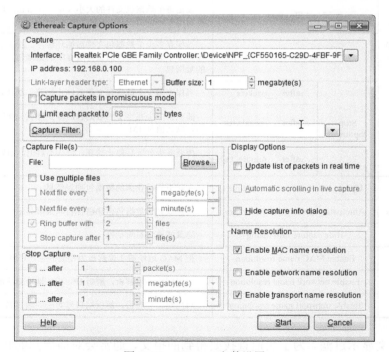

图 6-59　Ethereal 参数设置

"Capture Options"各参数功能说明见表 6-2。

表 6-2   参 数 功 能 说 明

参	数	功能说明
Capture	Interface	用于选择待抓捕报文的网卡，当计算机具有多个活动网卡时，需要选择其中一个用来发送或接收分组的网络接口，下方的 IP address 会对应显示所选网卡所设置的 IP 地址
	Link-layer header type	数据链路层的协议，在以太网中一般是 Ethernet Ⅱ
	Buffer size	数据缓存大小设定，默认是 1MB 字节
	Capture packets in promiscuous mode	是否打开混杂模式。假如打开，抓取任何的数据包。一般情况下只需要监听本机收到或发出的包，因此应该关闭这个选项
	Limit each packet to	限制每个包的大小，缺省情况不限制
	Capture Filter	用于设置抓捕过滤规则，如果要捕获特定的报文，那在抓包前就要对应设置过滤规则，决定数据包的类型；设置过滤规则有两种途径：选择 capture filter，手工创建的模板，也可以直接在 capture options 的 capture filter 的输入框中直接输入规则
Capture File（s）	File	设定数据包文件的保存位置和保存文件名，默认不保存
	Use multiple files	启用多文件保存，默认不启用
	Next file every	设定每个数据包文件的大小（单位是 MB，默认 1MB），只有启用 Use multiple files 后此项才可用
	Next file every	设定每个数据包文件的大小（单位是 min，默认 1min），只有启用 Use multiple files 后此项才可用
	Ring buffer with	当保存多少个数据包文件后循环缓存，默认是 2 个文件，即保存 2 个数据包文件后丢弃缓存中的数据包，再添加新采集到的数据包
	Stop capture… ...after___packets	当保存多少个数据包文件后停止捕获，默认是 1 个文件
	...after___megabytes	捕获到多少兆字节的数据包后停止捕获，默认不启用，如启用，默认值是 1M
	...after___minute（s）	捕获多少分钟后停止捕获，默认不启用，如启用，默认值是 1min
Display Options	Update list of packets in real time	实时更新捕获到的数据包列表信息
	Automatic scrolling in live capture	对捕获到的数据包信息进行自动滚屏显示
	Hide capture info dialog	隐藏捕获信息对话框
Name Resolution	Enable MAC name resolution	把 MAC 地址前 3 位解析为相应的生产厂商
	Enable network name resolution	启用网络地址解析，解析 IP、IPX 地址对应的主机名
	Enable transport name resolution	启用端口名解析，解析端口号对应的端口名

（3）报文显示过滤。为了快速查找要得到的报文，通常会对捕捉到的数据包进行显示过滤。在"Filter"栏中输入过滤条件，按回车键或点击"Apply"进行报文显示过滤，例如输入"iecgoose"，则过滤出 goose 报文，如图 6-60所示。

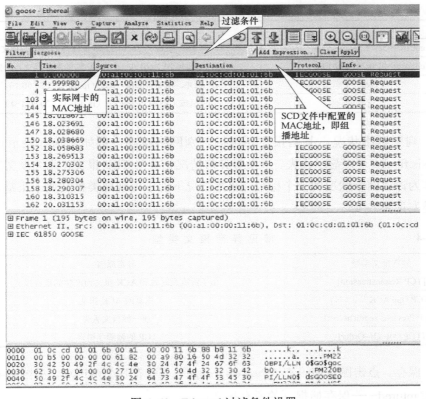

图 6-60　Ethereal 过滤条件设置

注意："Filter"栏中输入的过滤条件为小写字母，如果过滤条件输入正确，则"Filter"栏底色为绿色，否则底色为红色提醒用户过滤条件输入错误。常用过滤条件及说明见表 6-3。

表 6-3　　　　　　　　　　　　　　常用过滤条件及说明

显示过滤语法	说　明
mms	只显示 MMS 报文
Iecgoose	只显示 GOOSE 报文
tcp	只显示 tcp 报文
udp	只显示 udp 报文
ip.addr==172.20.50.164	与 IP 地址为 172.20.50.164 的服务器交互的报文
ip.src==172.20.50.164	源地址 IP 为 172.20.50.164 的服务器发出的报文
ip.dst==172.20.50.164	与目的地址 IP 为 172.20.50.164 的服务器交互的报文
eth.addr==5a:48:36:30:35:44	与 MAC 地址为 5a:48:36:30:35:44 的服务器交互的报文

续表

显示过滤语法	说　明
eth.src==5a:48:36:30:35:44	源地址为 5a:48:36:30:35:44 的服务器发出的报文
eth.dst==01:0c:cd:01:01:06	与目的地址 IP 为 01:0c:cd:01:01:06 的服务器交互的报文
&&	逻辑并，例如（mms）&&（ip.dst=172.20.50.164）
‖	逻辑或，例如（mms）‖（ip.dst=172.20.50.164）

（4）判别网络状况。某些报文还可以判别网络状况，例如，输入显示过滤条件 tcp.analysis.flags，可以显示丢失、重发等异常情况相关的 TCP 报文，此类报文的出现频率可以作为评估网络状况的一个标尺。通常情况下偶尔出现此类报文属于正常。常见异常报文类型见表 6-4。

表 6-4   常见异常报文类型

异常报文类型	异常原因
[TCP Retransmission]	由于没有及时收到 ACK 报文而产生的重传报文
[TCP Dup ACK ×××]	重复的 ACK 报文
[TCP Previous segment lost]	前一帧报文丢失
[TCP Out-Of-Order]	TCP 的帧顺序错误

（5）保存。点击图标，在"Packets Range"项中有几个可选项，如图 6-61 所示：

1）Captured——保存捕捉到的所有报文；

2）Displayed——保存屏幕显示的报文；

3）All packets——保存所有的数据包；

4）Selected packets only——保存选中的数据包；

5）Marked packets only——保存标记过的数据包。

"All packets""Selected packets only""Marked packets only"与"Captured""Displayed"结合使用。

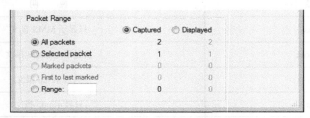

图 6-61　Packets Range 选项列表

6.5　自动测试技术

随着智能变电站继电保护及相关二次设备数量的递增，试验、测试工作量逐步增加，采用人工方法对装置进行检测受人员因素影响较大，要求检测人员必须充分了解各类设备的技术知识。同时智能变电站继电保护装置功能和接口的标准化、输入输出的数字化，为继电保护装置自动测试提供了技术条件。通过规范化继电保护试验装置自动测试功能，标准化试验装置自动测试接口，实现继电保护自动测试，有利于提升智能变电站检验、测试能力和效率。

6.5.1　自动测试原理

智能变电站自动测试系统主要由测试端PC、测试仪、被测保护装置及交换机组成，典型接线方式如图6-62所示。测试端PC通过MMS网读取或者修改被测保护装置定值信息、远方投退被测保护装置软压板，从而实现测试过程中保护装置的自动设置；测试仪和被测保护装置以光纤网络连接，进行测试中所需的SV、GOOSE数据交互；测试端PC通过包含通信模块和标准化继电保护测试仪接口模块的测试系统平台软件与测试仪互联，实现与测试仪之间的信息交互。

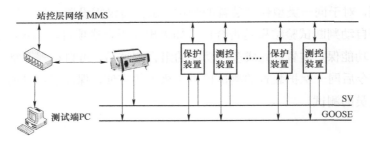

图6-62　自动测试典型接线图

由于各测试仪生产厂家测试软件有所不同，通过分析和比较各种继电保护测试仪工作原理及特点，采用标准化继电保护测试仪接口模块规避差异。标准化测试仪接口定义了测试过程中的相关操作，包括读取通信接口参数、设置通信接口参数、下载参数、开始测试、停止测试、读取报告数据、指定测试异常信息接收和处理的对象等。

测试端PC与测试仪之间的交换流程如下：

1）测试端PC与测试仪建立连接，测试端发出联机请求，测试仪给出反馈；

2）对测试仪进行参数配置，参数配置包括两部分：IEC 61850参数配置和测试参数配置，配置参数下装并反馈；

3）执行测试，完成测试仪状态序列设定的测试内容并返还测试结果给测试端PC。

6.5.2　自动测试应用

智能变电站二次设备自动测试系统主要实现以下功能：

1）过程管控。完整执行现场测试控制流程，管理现场测试过程。

2）参数设定。根据测试方案中系统参数录入项目的要求，提示录入定值单数据、系统额定参数数据、试验参数数据，或者从文件中导入数据，自动测试程序根据这些数据自动完成故障的计算。

3）程序调用。调用测试仪控制程序完成测试功能的测试，调用保护通信程序完成定值的读取和保护信息的读取。

4）试验结果自动判断。在试验过程中自动根据保护装置测试方案中的结果判断条件判断测试结果是否合格。

5）试验报告自动生成。自动根据检验规范和标准的要求，将试验参数数据、试验结果数据填写到试验报告模板中，形成标准格式的试验报告，并导出/打印报告及报告相关的图形曲线、设置报告的显示比例。

智能变电站自动测试技术通过程序实现了保护装置关键试验参数的自动设置，最大限度地减少了由人工设置带来的差错。现场测试人员完成自动测试只需要五步：完成测试接线→建立测试链接→建立测试任务→开始测试→自动生成报告，整个自动测试过程无须人工干预，对于同一类型保护装置的测试，试验前仅需设置少量参数和接线即可进行试验，系统自动判断试验结果是否合格，如果出现不合格项目，系统给予告警提示。对于复杂的多功能保护装置，完成多种功能的组合测试后，可自动保存制定测试方案到模板库中，为今后同一保护装置的测试提供了极大的方便，保证了测试的一致性，方便了现场试验人员的测试。

7

辅 助 分 析 设 备

智能变电站二次设备间的信息交互主要依赖网络报文，智能设备和通信网络的健康状况将直接影响整个智能变电站的通信，网络报文的发送端、接收端及通信网络异常或故障有可能导致电力系统发生故障甚至重大事故。智能变电站采用网络报文分析仪和故障录波装置实现对网络报文的全时监视、记录并进行有效的诊断分析，提前发现通信网络的薄弱环节和故障设备，预防电力系统事故的发生。

网络报文分析记录仪不仅对网络原始报文进行记录，还将网络报文进行解析，还原为对电力系统一次设备故障波形以及二次设备动作行为的记录，便于事故发生后进行分析和快速查找故障原因。故障录波装置则根据记录波形，分析判断电力系统故障发生的确切地点、发展过程和故障类型，以便迅速排除故障和制定防范措施，分析继电保护和高压断路器的动作情况，及时发现设备缺陷，提高电力系统运行水平。本章结合具体装置，介绍网络报文分析记录仪、故障录波装置的功能及应用。

7.1 网络报文分析记录仪

7.1.1 硬件结构及接入方式

（1）硬件结构。典型网络报文分析记录仪硬件系统由采集单元和管理单元组成，如图 7-1 所示。

1）采集单元。报文采集单元除了完成报文连续采集与记录，同时兼顾对通信过程的报文解析、通信链路的协议标识、网络异常监视、应用数据监视等功能。

2）管理单元。管理单元用于汇集并存储各采集单元解析结果，召唤记录文件，实现不间断存储要求。

（2）接入方式。网络报文分析记录仪直接从 SV 交换机上接收采样值数据，从 GOOSE 交换机上接收 GOOSE 报文数据，如图 7-2 所示。与点对点 SV 数据传输的连接方式相比，此网络结构方案优点是光纤数量少，需要的网络接口少，现场接线方便，缺点是 SV 数据的传输引入了交换机的延迟，易引起 SV 报文间隔抖动，对 SV 交换机的可靠性、稳定性要求较高。

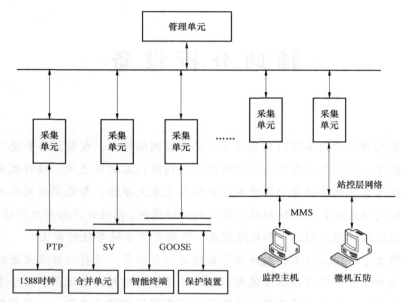

图 7-1 网络报文分析记录仪硬件结构

图 7-2 网络报文分析记录仪系统接入方式

（3）接口配置。按照国家电网公司 Q/GDW 10715—2016《智能变电站网络报文记录及分析装置技术规范》要求，单个采集单元采集接口数不少于 8 个，百兆采集接口的接入流量宜不超过 60Mbit/s，接入合并单元数量宜不超过 6 个，千兆采集接口的接入流量宜不超过 200Mbit/s，接入合并单元数量宜不超过 20 个。实际正常运行中，为了应付网络风暴等突发事件，要求网络端口的负载控制在 40%以下，100MB 的采集接口接入流量宜不超过 40Mbit/s。以 22 个数据通道的典型 SV 报文为例，可推算出满足负载要求时，单个接口接入合并单元一般不宜超过 6 台。

7.1.2 装置功能

网络报文分析记录仪可以实现网络异常监视、网络报文记录、网络报文分析、数据检索、提取和转换等功能。

（1）网络异常监视。智能变电站网络报文主要分为三类：SV 报文、GOOSE 报文、MMS 报文。网络记录分析仪可以按照报文类别分别对报文进行流量统计，也可以对网络端口流量统计。当超过一定流量的报文（如 SV 报文）流量变化超过一定比例时，装置会报告该分类流量的突增或突减告警。当报文采集模块的某个有流量的网络端口在指定时间内没有收到任何流量时，则给出网络端口通信超时（中断）的告警。

（2）网络报文记录：

1）可以记录流经报文采集模块网络端口的所有原始报文，对特定的有逻辑关系的报文，如 SV 报文、GOOSE 报文、IEEE 1588 报文等，进行实时解码诊断。

2）GOOSE 报文的顺序记录：GOOSE 报文每发送一次，报文顺序号依次增加，此时将 GOOSE 报文按照发送顺序号进行依次记录。

3）SV 报文顺序记录：SV 报文发送时，每帧报文都带有一个顺序号，记录时按照采样值报文的帧序号进行依次记录。

4）异常事件顺序记录：GOOSE 报文或 SV 报文帧格式错误等异常报文按照事件顺序进行记录。对于异常报文，在存储时即打上异常类型标记，如报文帧错误、报文错序、报文重复、报文超时等以方便快速检索和提取。检索时可以按照异常类型进行快速检索。

（3）网络报文分析：

1）GOOSE 报文分析。装置对 GOOSE 报文的分析主要包括两个方面，即 GOOSE 报文序列异常和 GOOSE 报文内容异常。

GOOSE 报文序列异常是指 GOOSE 报文超时，如超过 2 倍的心跳报文时间；GOOSE 报文丢帧，如报文不连续；GOOSE 报文错序，如后发的报文先到达装置；GOOSE 报文重复，如连续收到两帧序号相同的 GOOSE 报文，装置记录后可以分析网络的一些异常情况。

GOOSE 报文内容异常是指 GOOSE 报文中的 APDU 和 ASDU 格式不符合标准格式。GOOSE 报文中的 ConfRev（配置版本号）、GoCBRef（控制块引用）、DataSet（数据集）、NumDataSetEntries（数据集个数）必须和装置 CID 文件的配置参数相同，如果不一致，则说明发送的 GOOSE 报文的内容错误，装置进行记录并给出异常告警信号。分析 GOOSE 报文 StNum（状态计数）与 SqNum（采样计数）的计数变化错误，StNum 与 SqNum 的值重新初始化等。

2）SV 报文分析。装置对 SV 报文的分析同样包括两个方面，SV 报文序列异常和 SV 报文内容异常。

SV 报文序列异常是指 SV 报文超时、丢帧、错序、重复、采样值同步变化、采样值品质变化、采样值频率发生抖动等情况。

SV 报文内容异常是指 SV 报文中的 APDU 和 ASDU 格式不符合标准格式，ConfRev（配置版本号）、svID（控制块标识）等参数与装置 CID 文件的配置参数不一致。

3）MMS 报文分析。站控层网络的 MMS 报文分析主要是 ACSI、MMS、ETHENET 层面的分析，一般指 MMS 报文是否符合每种服务定义的报文格式，可以判断出 MMS 报文发送过程是否顺序错误，控制过程是否连续、控制命令是否有错误、报文是否有丢帧以及装置之间的通信是否中断等。

（4）数据检索、提取和转换：

1）按照时间段、报文类型、报文特征（如异常标记、APPID）等条件检索并提取报文列表，以 HEX、波形、图表等形式显示报文内容。

2）原始报文数据可导出成 PCAP 格式，用于在 Ethereal 和 Wireshark 等流行网络报文抓包软件中分析。

3）采样值报文可直接导出成 COMTRADE 格式文件，用于直观的波形分析。

4）采样值报文可直接导出成 CSV 格式，用于在 Excel 表格软件中分析。

7.1.3 应用实例

以 ZH–5N 网络报文分析记录仪为例，介绍网络报文分析记录仪的应用。

1. 操作主界面

ZH–5N 网络报文分析记录仪的人机管理系统支持 Linux 操作系统，其操作主界面如图 7–3 所示。在菜单中选择对应的采集器，可以查看该采集器的报文、流量以及通信状态等。

日志查询菜单，可以显示某段时间内的实时告警内容，包括流量突变、通信中断、通信超时、报文编码错误、丢包、错序、重复、MU 之间失步、MU 丢失同步信号、采样值品质改变、GOOSE 状态改变、报文与配置不一致等。

报文查询菜单，可以查看存储器中记录的报文，并可以利用报文分析软件打开，可以进行报文原始内容分析、采样值报文波形分析、GOOSE 事件分析、报文分组分类、统计简报、异常报文定位等功能。

流量统计菜单，可以实时统计当前的报文流量（按照字节/s 和包/s 进行统计）以及所接收到的报文总包数，可以按照网络端口进行查看，也可以按照报文类别进行查看。

监视对象状态菜单，对于设备通信端口、SV 数据集、GOOSE 数据集的状态，可监视通信超时、通信中断、配置是否匹配等；对于 IEEE 1588 时钟，可监视时钟的当前等级（主钟或从钟）、时钟的工作状态（活动或静默）等。

图 7-3　ZH-5N 网络报文分析记录仪操作主界面

2. 应用案例

案例一：采样值报文丢包。

某智能变电站内桥接线，110kV 进线及母联备自投正常运行发现 110kV Ⅰ 段母线电压异常导致备自投放电，但 1 号主变压器高后备装置电压显示正常，装置通信都正常。此变电站的 110kV Ⅰ 段母线电压进入合并单元后进行组网，同时接入 A、B 网，110kV 进线及母联备自投的 110kV Ⅰ 段母线电压取自 B 网，1 号主变压器高后备装置的母线电压取自 A 网。网络报文分析记录仪装置型号为 ZH-5N，其中 4 个采样值控制块（APPID 分别为 0x4001、0x4002、0x4003 和 0x4004）同时接在 A、B 网中，装置的 4 号网口接在 B 网上，6 号网口接在 A 网上。

如图 7-4 所示，2010-04-01 16：22：40.681883 到 2010-04-01 16：22：40.682655 这段时间内，对于采集 110kV Ⅰ 段母线电压 APPID 为 0x4004 的采样值控制块而言，从 A 网接收到的采样值报文的采样序号（smpCnt）连续，而从 B 网接收到的采样值报文中丢失了采样序号为 2726 的数据包。由于 A、B 网的数据源完全一致，实际现象是 A 网不丢包而 B 网丢包，只能说明 B 网络存在异常，导致备自投电压采样异常，最后经过排查，是 B 网的网线有问题导致的丢包。

文件(F) 导出(E)

所有报文

序号	时间	时间差	信息	网口	协议	AppID	大小	备注
10926	2010-04-01 16:22:40.681883	178		4	IEC-SMV	0x4003	128	smpCnt=2725
10927	2010-04-01 16:22:40.681937	54		4	IEC-SMV	0x4001	128	smpCnt=2725
10928	2010-04-01 16:22:40.681939	2		4	IEC-SMV	0x4002	128	smpCnt=2725
10929	2010-04-01 16:22:40.681941	2		4	IEC-SMV	0x4004	128	smpCnt=2725
10930	2010-04-01 16:22:40.681945	4		6	IEC-SMV	0x4001	128	smpCnt=2725
10931	2010-04-01 16:22:40.681947	2		6	IEC-SMV	0x4003	128	smpCnt=2725
10932	2010-04-01 16:22:40.681949	2		6	IEC-SMV	0x4002	128	smpCnt=2725
10933	2010-04-01 16:22:40.681951	2		6	IEC-SMV	0x4004	128	smpCnt=2725
10934	2010-04-01 16:22:40.682137	186		4	IEC-SMV	0x4001	128	smpCnt=2726
10935	2010-04-01 16:22:40.682153	16		4	IEC-SMV	0x4003	128	smpCnt=2726
10936	2010-04-01 16:22:40.682157	4		4	IEC-SMV	0x4002	128	smpCnt=2726
10937	2010-04-01 16:22:40.682160	3		6	IEC-SMV	0x4001	128	smpCnt=2726
10938	2010-04-01 16:22:40.682162	2		6	IEC-SMV	0x4002	128	smpCnt=2726
10939	2010-04-01 16:22:40.682164	2		6	IEC-SMV	0x4003	128	smpCnt=2726
10940	2010-04-01 16:22:40.682166	2		6	IEC-SMV	0x4004	128	smpCnt=2726
10941	2010-04-01 16:22:40.682364	218		4	IEC-SMV	0x4001	128	smpCnt=2727
10942	2010-04-01 16:22:40.682400	16		4	IEC-SMV	0x4003	128	smpCnt=2727
10943	2010-04-01 16:22:40.682404	4		4	IEC-SMV	0x4002	128	smpCnt=2727
10944	2010-04-01 16:22:40.682408	4		6	IEC-SMV	0x4001	128	smpCnt=2727
10945	2010-04-01 16:22:40.682410	2		6	IEC-SMV	0x4002	128	smpCnt=2727
10946	2010-04-01 16:22:40.682412	2		6	IEC-SMV	0x4003	128	smpCnt=2727
10947	2010-04-01 16:22:40.682414	2		6	IEC-SMV	0x4004	128	smpCnt=2727
10948	2010-04-01 16:22:40.682423	9	丢包	4	IEC-SMV	0x4004	128	smpCnt=2727
10949	2010-04-01 16:22:40.682653	230		6	IEC-SMV	0x4001	128	smpCnt=2728
10950	2010-04-01 16:22:40.682655	2		6	IEC-SMV	0x4002	128	smpCnt=2728

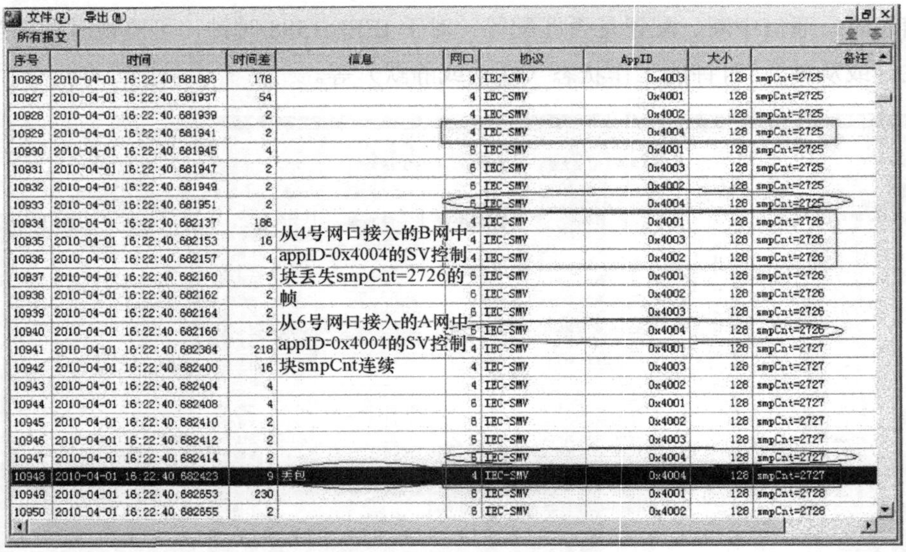

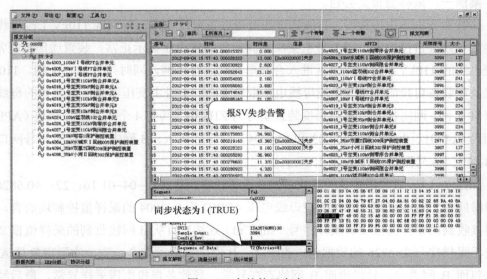

图 7–4　采样值报文丢包

案例二：合并单元失步。

某智能变电站巡视时发现有两条 35kV 线路保护，一条 10kV 线路保护的有功无功值和实际有明显的偏差，合并单元无告警。此变电站全站共 16 个合并单元联合组网，现场的过程层 A/B 网分别接入到一台 ZH–5N 中不同的两个采集端口上。ZH–5N 上告警 APPID 为 0x4094、0x4096 和 0x408A 三个 MU 失步，而这三个 MU 均未报丢失同步信号，如图 7–5 所示。

图 7–5　合并单元失步

由图 7–5 分析可见，未报“失步”告警的 SV 采样序号在 3991~3996 之间，最大偏差为 5，处于同步状态，而报"失步"的三个合并单元的采样序号分别为 2671、3887、3095，均处于离散的失步状态，但合并单元发出的 SV 报文中未标记"丢失同步信号"，由此分析，合并单元内部逻辑出现异常，导致自身未能诊断出丢失同步信号，或虽然有同步信号但是合并单元的内部采样节拍已经混乱。

7.2 故障录波器

7.2.1 硬件结构及接入方式

（1）硬件结构。故障录波器的典型硬件结构主要由嵌入式 CPU 系统、嵌入式 DSP 系统和信号变送部分三大部分构成。DSP 系统负责 A/D 采样、判据计算以及 GPS 对时处理等。典型结构如图 7-6 所示。

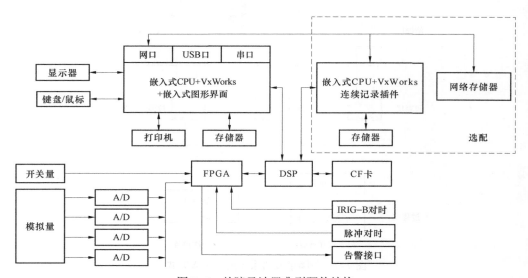

图 7-6　故障录波器典型硬件结构

（2）模型结构。录波装置在物理功能上分为暂态录波和稳态录波。对应一个物理设备，应建模为一个 Server，不同的物理功能模块需建立多个逻辑设备 LD。一般将同一个录波装置上的暂态录波和稳态录波功能建立为两个不同的逻辑设备。录波装置的逻辑设备至少应包含 LLN0、LPHD、RDRE 三个逻辑节点。其中，RDRE 包含了具备共同功能相关、系统相关的数据对象以及数据属性，且录波装置的所有系统功能扩展都放在 RDRE 中。

（3）接入方式。智能变电站故障录波器主要接入过程层合并单元、智能终端及保护装置的状态量，并和站控层联网。故障录波器系统典型接入方式如图 7-7 所示。

（4）接口配置。装置和接口的配置能力一般要求：

1）装置的报文采集端口应满足智能变电站配置需求，且具备可扩展性。

2）当采样频率为 4000Hz 时，单套故障录波器可接入的合并单元台数不少于 24 个，每个 100MB 的 SV 采样值接口接入合并单元数量不大于 4 台，模拟量（包括交流量、直流量和高频检波量）经挑选的 SV 采样值组合后不少于 96 路；每个 GOOSE 接口可订阅控制模块数量不少于 32 个，开关量经挑选的 GOOSE 信号组合后不少于 256 路。

3）单套故障录波器 SV 采样值接口不少于 6 个，GOOSE 接口数量不少于 2 个。

4）装置的所有采集端口均应采用独立的网络端口控制器实现，在任何情况下各个网络端口之间均不应出现数据渗透。

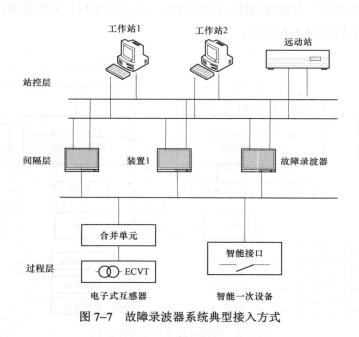

图 7-7　故障录波器系统典型接入方式

7.2.2　装置功能

（1）实时显示功能：

1）实时监测接入装置的交流电压、电流、直流电压、电流波形及开关量状态、交流电压、电流基波有效值及相角。

2）通过矢量图和波形的方式，显示所选定的线路或任意通道之间的相位关系，显示相对相角或绝对相角。

3）以有功、无功、视在功率表的形式，实时显示指定线路的功率。

4）任选三相电压或三相电流，实时显示正序、负序、零序有效值和相角。

（2）录波功能。录波的启动方式有手动启动录波和自动录波两种，前者用于人工触发录波功能的启动，后者根据运行设备的相关录波启动定值，一旦满足录波启动定值条件将自动启动录波。录波分为稳态录波和暂态录波。当电力系统发生故障时，达到故障启动条件，则对故障发生时的采样值和开关量进行存储记录，内容包括设备名称、启动时间、故障类型、故障前电流电压、故障后电流电压、测距数据、开关量变位等信息，方便事故分析。

（3）电流电压波形还原。在对录波启动后所记录时段的网络采样值报文信息进行处理，提取瞬时采样点的值，并转换成 COMTRADE 格式文件对故障发生时的采样值和开关量进行存储，可以通过图形分析软件对系统故障波形进行显示和分析。

（4）二次设备动作过程。在对录波启动后所记录时段的 GOOSE 报文进行处理，检查相关 GOOSE 报文的开关量状态信息，并在开关量状态发生改变的时刻开始，解析相关采样值报文和 GOOSE 报文，并转换成 COMTRADE 格式文件对故障发生时的采样值和开关量进行存储，可以通过图形分析软件对系统故障波形进行显示和分析。

（5）波形查看及分析。转换后的 COMTRADE 格式录波文件，应用波形分析软件可以查看详细信息：波形进行横向放大缩小、纵向放大缩小和复原；向上、向下移动波形以及叠加多个波形，以便对信号细节进行比较；显示各个通道的有效值、瞬时值；显示各个通道的一次值、二次值。通过使用专用的波形分析软件，能实现测距、谐波分析、阻抗分析、功率分析、向量分析、序量分析、差流分析、变压器过激磁分析、非周期分量分析等高级分析功能。

（6）现场应用。故障录波在现场的应用主要有以下几个方面：

1）检查各装置电流电压的线性范围是否满足要求，零漂是否满足要求。

2）比较电流、电压的相位关系是否一致，是否和一次情况吻合。

3）分析检查电流、电压中的非周期分量、谐波。

4）分析暂态录波文件，结合 GOOSE 报文，分析保护的动作情况。

7.2.3 系统配置

以 YS–ES1 故障录波器为例，介绍故障录波器系统配置。配置内容主要包括 SCD 文件的导入、一次设备新建、一次设备关联 SV 采样通道、GOOSE 通道以及 MMS 通道配置等。

（1）导入 SCD 文件。以有权限的用户名登录后，点击菜单栏中的导入命令，选择所需 SCD 文件，如图 7–8 所示。

如果系统已存在 SCD 文件则会提示如图 7–9 所示信息。如果 SCD 文件中 IED 的 APPID 没有修改就可以选择"No"。如果 SCD 文件中 IED 的 APPID 变更了，则选择"Yes"，此时会删除原有的录波配置，之后再重新挑选录波通道，重新关联一次设备。

（2）新建一次设备。点击左侧"元件"命令，在一次设备树菜单中右击交流线路，点击"添加新元件"菜单，这时会在线路列表中创建了一个新线路（添加其他元件按同样方法操作），线路名默认是以调度编号和线路类型命名。如图 7-10 所示，添加完之后便可在一次设备菜单树下显示。

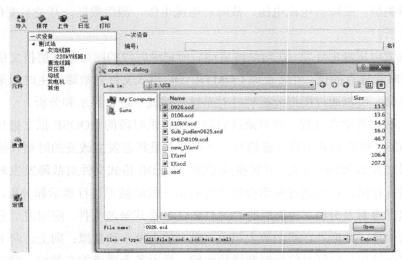

图 7-8　SCD 导入界面

图 7-9　提示信息　　　　　　　　　　　　图 7-10　添加新线路

点击一次设备树菜单下的线路名称，可以编辑线路参数，如图 7-11 所示。

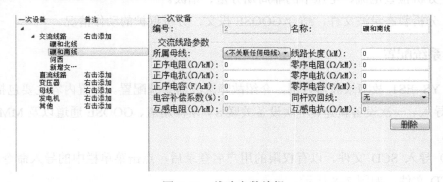

图 7-11　线路参数编辑

（3）选择录波 SV 通道，并关联一次设备。点击"通道配置"可以进入通道配置界面，用户可以配置板卡模拟量通道、开关量通道的详细信息。SV 通道配置如图 7-12

所示。

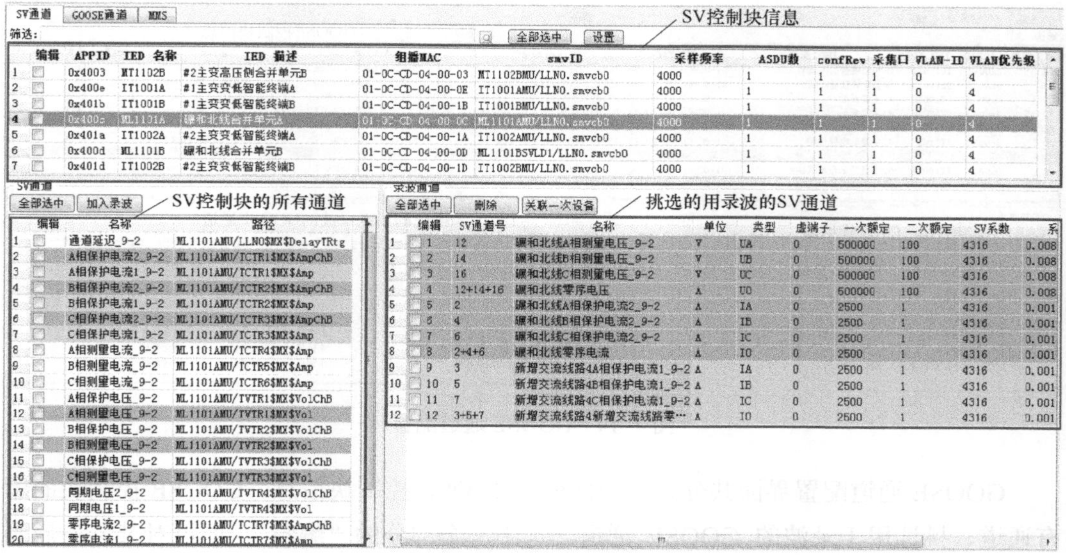

图 7-12　SV 通道配置

　　SV 通道配置界面共分为三个部分，SV 控制块信息、SV 控制块的所有通道、挑选用于录波的 SV 通道。选中三个部分的"编辑"，即可对某一条后面的项进行编辑和配置。编辑完成后选中要关联的通道，单击"关联一次设备"，如图 7-13 所示。

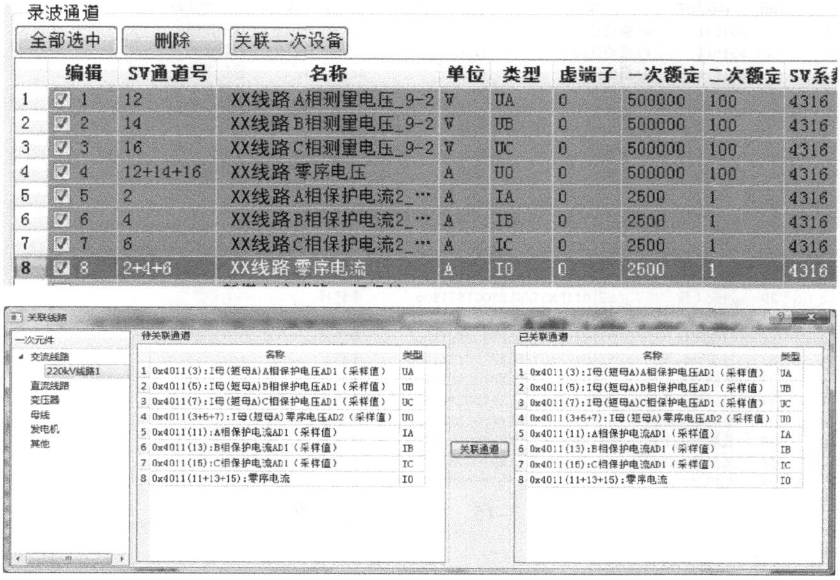

图 7-13　关联一次设备

　　（4）选择录波 GOOSE 通道，并关联一次设备。点击"通道配置"可以进入通道配置界面，GOOSE 通道配置如图 7-14 所示。

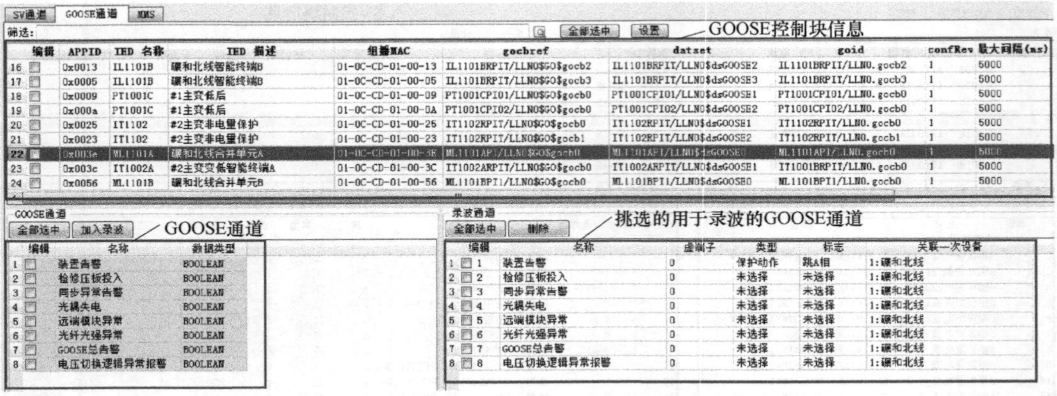

编辑	APPID	IED 名称	IED 描述	组播MAC	gocbref	datset	goid	confRev	最大间隔(ms)
16	0x0013	IL1101B	�]和北线智能终端B	01-0C-CD-01-00-13	IL1101BRPIT/LLN0GOgocb2	IL1101BRPIT/LLN0$dsGOOSE2	IL1101BRPIT/LLN0.gocb2	1	5000
17	0x0005	IL1101B	碶和北线智能终端B	01-0C-CD-01-00-05	IL1101BRPIT/LLN0GOgocb3	IL1101BRPIT/LLN0$dsGOOSE3	IL1101BRPIT/LLN0.gocb3	1	5000
18	0x0009	PT1001C	#1主变低后	01-0C-CD-01-00-09	PT1001CPI01/LLN0GOgocb0	PT1001CPI01/LLN0$dsGOOSE1	PT1001CPI01/LLN0.gocb0	1	5000
19	0x000a	PT1001C	#1主变低后	01-0C-CD-01-00-0A	PT1001CPI02/LLN0GOgocb0	PT1001CPI02/LLN0$dsGOOSE2	PT1001CPI02/LLN0.gocb0	1	5000
20	0x0025	IT1102	#2主变电量保护	01-0C-CD-01-00-25	IT1102KPIT/LLN0GOgocb0	IT1102KPIT/LLN0$dsGOOSE1	IT1102KPIT/LLN0.gocb0	1	5000
21	0x0023	IT1102	#2主变电量保护	01-0C-CD-01-00-23	IT1102KPIT/LLN0GOgocb1	IT1102KPIT/LLN0$dsGOOSE2	IT1102KPIT/LLN0.gocb1	1	5000
22	**0x003e**	**ML1101A**	**碶和北线合并单元A**	**01-0C-CD-01-00-3E**	**ML1101AFI1/LLN0GOgocb0**	**ML1101AFI1/LLN0$dsGOOSE0**	**ML1101BRPIT/LLN0.gocb0**	**1**	**5000**
23	0x003c	IT1002A	碶和北线智能终端	01-0C-CD-01-00-3C	IT1002ARPIT/LLN0GOgocb0	IT1002ARPIT/LLN0$dsGOOSE1	IT1101BRPIT/LLN0.gocb0	1	5000
24	0x0056	ML1101B	碶和北线合并单元B	01-0C-CD-01-00-56	ML1101BPI1/LLN0GOgocb0	ML1101BPI1/LLN0$dsGOOSE0	ML1101BPI1/LLN0.gocb0	1	5000

GOOSE控制块信息

GOOSE通道

编辑	名称	数据类型
1	装置告警	BOOLEAN
2	检修压板投入	BOOLEAN
3	同步异常告警	BOOLEAN
4	光耦失电	BOOLEAN
5	远端模块异常	BOOLEAN
6	光纤光缆异常	BOOLEAN
7	GOOSE总告警	BOOLEAN
8	电压切换逻辑异常报警	BOOLEAN

挑选的用于录波的GOOSE通道

录波通道

编辑	名称	虚端子	类型	标志	关联一次设备
1	保护动作	0	跳A相	未选择	1:碶和北线
2	检修压板投入	0	未选择	未选择	1:碶和北线
3	同步异常告警	0	未选择	未选择	1:碶和北线
4	光耦失电	0	未选择	未选择	1:碶和北线
5	远端模块异常	0	未选择	未选择	1:碶和北线
6	光纤光缆异常	0	未选择	未选择	1:碶和北线
7	GOOSE总告警	0	未选择	未选择	1:碶和北线
8	电压切换逻辑异常报警	0	未选择	未选择	1:碶和北线

图 7-14　GOOSE 通道配置

GOOSE 通道配置界面共分为三个部分，GOOSE 控制块信息、GOOSE 控制块的所有通道、挑选用于录波的 GOOSE 通道。选中三个部分的"编辑"，即可对某一条后面的项进行编辑和配置。

（5）MMS 通道配置。此界面主要用于二次回路监视配置。如图 7-15 所示，选中"编辑"，即可对某一条后面的项进行编辑和配置。

编辑	IED名称	IED描述	逻辑设备实例	datSet	数据集描述	报告号
1	SS1011	#1接地变691	PROT	dsRelayEna	保护压板	
2	SS1011	#1接地变691	PROT	dsWarning	告警信号	
3	SS1011	#1接地变691	PROT	dsTripInfo	保护事件	
4	SS1011	#1接地变691	PROT	dsAlarm	故障信号	
5	SS1011	#1接地变691	MEAS	dsAin	遥测	
6	SS1011	#1接地变691	CTRL	dsDin	遥信	
7	SS1011	#1接地变691	RCD	dsRelayRec	录波	
8	PM1105	母差保护	PROT	dsRelayAin	保护遥测	

MMS通道

编辑	名称	路径	监视类型	监视对象
1	28 保护启动	SS1011PROT/EvtGGIO1STInd1	未选择	
2	29 过流Ⅰ段	SS1011PROT/GLPTOC1STOp	未选择	
3	30 过流Ⅱ段	SS1011PROT/GLPTOC2STOp	未选择	
4	31 过流Ⅲ段	SS1011PROT/GLPTOC3STOp	未选择	
5	32 过流反时限	SS1011PROT/FSXPTOC1STOp	未选择	
6	33 高侧零流Ⅰ段	SS1011PROT/GLXPTOC1STOp	未选择	
7	34 高侧零流Ⅱ段	SS1011PROT/GLXPTOC2STOp	未选择	
8	35 高侧零流Ⅲ段	SS1011PROT/GLXPTOC3STOp	未选择	
9	36 低侧零流Ⅰ段	SS1011PROT/LLXPTOC1STOp	未选择	
10	37 低侧零流Ⅱ段	SS1011PROT/LLXPTOC2STOp	未选择	
11	38 低侧零流Ⅲ段	SS1011PROT/LLXPTOC3STOp	未选择	

图 7-15　MMS 通道配置

8

典型异常处理及故障案例

智能变电站采用 IEC 61850 标准体系、网络通信等新技术后，保护装置采用数字量通信方式实现输入输出，而且继电保护功能依赖于保护装置与合并单元、智能终端等装置的配合，继电保护常见的异常主要分为通信异常、过程层设备异常、保护装置异常、配置错误、设备配合异常、误操作等几大类。本章对智能变电站二次设备典型异常分类列举，并介绍了异常处理思路、处理方法及典型故障案例。

8.1 常见异常分类

8.1.1 通信异常

智能变电站二次设备采用数字量通信方式实现信息交互，而且二次设备之间的耦合度加强，需要多个设备配合完成同一功能（如继电保护功能），如合并单元进行电流和电压采样、保护装置完成逻辑判断、智能终端执行跳/合闸命令，合并单元、保护装置、智能终端配合才能共同完成。因此，通信正常是二次系统正常运行必要条件，通信异常已成为智能变电站二次系统的主要异常之一。与继电保护功能相关的通信主要分为4类：SV 通信、GOOSE 通信、MMS 通信、纵联通道通信。

（1）GOOSE 通信。保护装置与智能终端之间以及保护装置与保护装置之间的通信，又可分为 GOOSE 接收通信和 GOOSE 发送通信。当保护装置与智能终端之间的 GOOSE 接收通信异常时，保护装置将会有"GOOSE 通信中断"的告警信号，保护装置将无法获取断路器位置、低气压闭重、闭锁重合闸等信息，将影响到保护装置的重合闸功能；当保护装置与智能终端之间的 GOOSE 发送通信异常时，智能终端将会有"GOOSE 通信中断"的告警信号，保护装置的跳/合闸命令将无法正确执行，影响继电保护的最终出口。保护装置之间 GOOSE 通信异常时，保护装置将会有"GOOSE 通信中断"的告警信号，将影响到失灵、闭锁重合闸、远跳或联跳功能。因此，GOOSE 通信异常可能导致继电保护功能无法出口或影响失灵、联跳等后备保护功能，是比较严重的异常，必须立刻处理。

（2）SV 通信。保护装置与合并单元之间的通信，直接决定保护装置能否正确获取电流、电压采样值数据。SV 通信异常时，保护装置将会有"SV 链路中断""采样数据无效"或"采样异常"等告警信号。当 SV 通信中断时，保护装置将闭锁相关的保护功能；当 SV 通信出现丢包时，将影响保护功能的正常运行；保护采用直采模式时，当 SV 通信的报文间隔抖动超过 10μs，保护装置将闭锁相关的保护功能。因此，SV 通信异常可能直接导致保护装置无法正常运行，是非常严重的异常，必须立刻处理。

（3）MMS 通信。保护装置与站控层监控后台、数据通信网关机之间的通信，主要包括上送保护的动作事件、告警信号和遥控保护装置软压板、召唤保护装置定值、调阅保护装置录波文件等。当 MMS 通信异常时，监控后台及调控中心将能发现该保护装置通信链路中断，监控后台及调控中心将无法获取保护装置的运行状态，也无法执行远方投/退保护装置软压板或调取定值等操作，但不影响继电保护的正常功能，属于一般异常，应及时安排处理。

（4）纵联通道通信。线路保护的纵联通道通信与常规变电站相同，也是比较严重的异常，必须立刻处理。

8.1.2 过程层设备异常

智能变电站中，继电保护功能除依靠保护装置外，还依赖于合并单元、智能终端这两个过程层设备。由于过程层设备安装于就地一次设备附近，运行环境恶劣，电磁骚扰严重，出现异常的概率也比较大。

（1）合并单元异常。合并单元异常时，将影响接收该合并单元 SV 数据的所有保护装置，一般包括线路保护（或主变压器保护）和母线保护，影响范围大，可能影响到整个母线。当合并单元中一路 AD 数据异常时，将闭锁相关保护功能或开放相关电压闭锁条件，保护装置将会有"采样数据异常"或"双 AD 数据不一致"等告警信号；当合并单元中电流互感器、电压互感器等公共器件或回路异常时，将可能导致相关保护误动作，此类异常保护一般无法正确告警；当合并单元中电压并列或电压切换功能异常时，将闭锁相关距离保护、方向元件，也可能开放相关电压闭锁条件，保护装置将会有"电压数据无效"或"采样数据异常"等告警信号；当合并单元对时异常时，不影响保护正常功能，保护装置也不会有告警信号，合并单元和监控后台将会有"对时异常"告警信号。因此前 3 类异常，直接影响保护功能正常运行，是非常严重的异常，必须立刻处理。

（2）智能终端异常。智能终端异常时，将影响继电保护的跳/合闸命令正常执行，影响到本断路器的正常控制，也可能影响装置中断路器、隔离开关位置的接收，影响重合闸等功能。当智能终端开出部分异常时，通过本智能终端的跳/合闸命令以及遥控命令都无法执行，即无法通过本智能终端控制断路器，此类异常保护装置无法告警，只有智能终端自检告警；当智能终端开入部分异常时，本智能终端无法提供正确的断路器位置、隔离开关位置以及一次设备信号，将影响线路保护的重合闸功能、母线保护的小差选母线功能、电压并列或切换功能等，此类异常保护装置将会有"断路器位置异常"、"隔离开关位置异常"或"GOOSE 异常"等告警信号。因此，智能终端异常也是比较严重的异常，必须立刻处理。

8.1.3　保护装置异常

保护装置是继电保护逻辑判断的主体，直接决定了继电保护功能的正确性。其异常主要包括器件故障和程序异常，这些异常一般不容易发现，也没有明确的告警信号。智能变电站中，保护装置器件故障主要是光纤通信接口故障，直接影响数据接收，影响到相关保护功能正常运行。程序异常一般在偶然情况下才会出现，直接影响到保护逻辑计算的正确性。保护装置安装于保护小室，运行环境良好，异常的概率较小，但如果出现异常则非常严重，必须立刻处理。

8.1.4　配置错误

智能变电站中二次设备的输入输出特性全部依赖于 SCD 配置文件以及一些私有配置。因此，配置正确是智能变电站正常运行的关键一步。由于智能变电站建设规模大且建设各方技术力量不一，二次设备配置错误较常见。配置错误主要有虚端子配置错误、参数配置错误、端口配置错误、私有配置错误等。

（1）虚端子配置错误。虚端子配置主要是配置二次设备之间的连接关系，直接决定了设备的输入输出数据，保护装置的虚端子主要是 SV 虚端子和 GOOSE 虚端子。SV 虚端子决定外部电流、电压数据与内部通道的对应关系，直接决定了装置采样数据的正确性，影响到保护功能的正常运行。GOOSE 虚端子决定了保护跳/合闸命令与控制回路的对应关系以及外部开入与内部信号的对应关系，影响到保护跳/合闸回路的正确性，特别是分相跳闸命令的相序是否正确。虚端子配置错误不会有告警信号，只能通过通流、通压试验验证电流、电压通道的正确性，通过 GOOSE 整组传动试验验证跳/合闸回路的正确性。虚端子配置错误是非常严重的异常，必须立刻处理。

（2）参数配置错误。智能变电站中，二次设备进行数字信号交互时，需要对网络报文或 FT3 的通信参数和应用参数进行校核，以防止不同信号间的相互干扰。对于 GOOSE 报文，接收方应严格检查报文中的 APPID、GOID、GOCBRef、DataSet、ConfRev 等参数是否与自身配置匹配；对于 SV 报文，接收方应严格检查 APPID、SMVID、ConfRev 等参数是否与自身配置匹配；对于 MMS 报文，由 TCP/IP 协议保证通信参数的匹配。

当收、发双方的参数不匹配时，将导致双方无法正常通信。GOOSE、SV、MMS 的参数由 SCD 文件配置，在 IED 的配置生成或下装过程中，若报文参数配置出错，则报文接收方将无法正确接收该报文，将有链路中断的告警信号。参数配置错误是非常严重的异常，必须立刻处理。

（3）端口配置错误。继电保护采用直采直跳方式确保其可靠性和速动性，因此，保护装置、智能终端对外与其他设备的接口都是一一对应的，必须正确配置，否则设备之间无法正常通信。二次设备的端口配置必须与设计图纸一致，并且现场实际接线也与图纸一致，若端口配置错误，装置将会有相应的"链路中断"告警信号。调试、验收阶段，必须严格按照设计图纸接线，然后检查装置通信状态并进行整组试验，以确保端口配置正确。调试、验收阶段发现端口配置错误应立刻修改；运行阶段发现端口配置错误，而无法正常通信，属于非常严重异常，应立刻处理，若发现端口配置错误而接线也错误，可以正常通信，应通知设计院进行设计变更或及时安排修改配置。

（4）私有配置错误。虽然智能变电站中大部分配置由 SCD 文件决定，但由于各厂家设备实现方法不一，仍有部分厂家设备需要私有配置，如合并单元的采样延时、合并单元的 SV 数据集、保护装置的采样模式等。这些私有配置无法有效管控，只能通过装置的功能、性能试验和整组试验验证，配置错误比较难发现。试验或运维过程中若发现设备私有配置错误，属于非常严重异常，应立刻处理。

8.1.5　设备配合异常

智能变电站中二次设备之间耦合加强，相互配合共同完成继电保护等功能，因此设备之间必须正确配合才能保证功能的正确完成。随着智能变电站建设推广，各厂家设备之间的配合已在实际工程中得到了充分验证，正常情况下二次设备之间已能可靠通信，但是不排除在一些特殊情况下，如网络异常、哈希算法冲突而不能有效过滤 MAC 地址等情况，设备之间配合可能出现异常。这种设备配合异常一般无法发现，也无相应的告警信号，当发现设备之间存在配合异常时，应立刻处理。

8.1.6　误操作

智能变电站增加检修机制来有效隔离被检修设备，同时设备采用软压板替代硬压板，实现远方操作。二次设备对数字量数据的接收、处理也与常规装置不同，因此智能变电站中二次设备的操作步骤和方法、现场安全隔离措施等都发生了变化，各项工作的实施必须严格按照顺序执行，尤其是检修硬压板、软压板操作不当可能导致继电保护拒动或误动。

（1）检修硬压板操作。当合并单元需要进行检修，而保护装置仍需运行时，必须先在保护装置中将该合并单元的 SV 接收软压板退出，然后再投入合并单元的检修硬压板，否则将导致保护装置与合并单元检修不一致，闭锁相关保护功能。智能终端需要检修时，应将智能终端的出口硬压板退出，防止检修工作对断路器的影响。智能终端投入检修硬压板，而母线保护仍运行时，需要强制该间隔的隔离开关位置。

（2）软压板操作。智能保护装置的压板除检修压板、远方操作压板保留硬压板外，功能压板、出口压板、接收压板均采用软压板，实际运维过程中需要操作软压板。在投入保护装置软压板操作过程中，应先投入 SV 接收软压板，接着投入功能软压板，最后投入出口软压板；而在退出软压板操作过程中，顺序刚好相反，应先退出出口软压板，接着退出功能软压板，最后退出 SV 接收软压板。当一次设备运行，保护装置检修时，不能在出口软压板和功能软压板投入的状态下，投/退运行间隔的 SV 接收软压板，否则可能导致保护误动作。

对于误操作，必须加强管理，制定规章制度来约束人的行动，使之规范化、程序化，如工作票制度、操作票制度，继电保护现场工作保安规定等，从设备、环境、管理等多方面控制和制约，以期减少各种人为差错的发生。智能变电站现场操作过程中，还应注意二次设备的告警信号，当操作不当时都会有一些信号，只有确认二次设备没有异常信号的前提下才能进行下一步操作。当保护装置出现"检修不一致""采样异常"等信号时，必须立刻检查原因；当保护装置出现差流时，必须核实一次系统的运行方式，确定差流产生的原因。

8.2 异常处理思路

智能变电站现场继电保护异常事故处理除需要掌握必要的继电保护基本原理及理论外，还需熟知现场的二次设备配置情况，同时需要了解必要的 IEC 61850 和网络通信知识，异常事故处理过程中除与常规变电站一样核查一、二次设备的状态外，还必须充分利用好二次设备的自检告警信号、网络报文记录分析仪的信息、保护装置及故障录波器的录波文件，坚持理论与实际相结合这一基本原则。

1. 正确利用装置自检告警信号

智能变电站中二次设备都具有强大的自检功能，可对装置自身运行状态以及外部的输入进行检查、判断，并给出相应的告警信号。

保护装置、智能终端、合并单元等装置对其输入的 GOOSE 链路、SV 链路进行实时监测，当链路中断后，装置会及时发出告警信号，并能准确提示中断链路。同时，装置还能对 GOOSE 报文、SV 报文中数据的品质进行实时监测，如数据有效性、检修状态、同步状态等，当监测出数据存在异常，装置会及时发出告警信号，并能提示异常类型。此外装置还能对自身的运行状态进行判断，如装置自身的对时状态、保护的闭锁状态等，当判断出运行状态存在异常时，装置会及时发出告警信号，并提示异常类型。

保护装置的告警信号可以在装置面板上显示，同时也通过 MMS 传输到监控后台，而合并单元、智能终端等过程层设备的告警信号通过相关测控装置也都传输到监控后台。因此，监控后台可以查阅全站所有装置的告警信号，协助继电保护的异常分析。

通过装置的自检告警信号可以初步判断异常或事故发生时刻装置的运行状态，包括

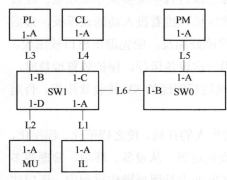

图 8-1 设备间链路联系图

通信状态是否良好、装置是否正常运行。对于检查通信异常时，如果一个装置同时给多个装置发送信息，如图 8-1 所示，智能终端 IL 的 GOOSE 信号同时发送给线路保护 PL、母线保护 PM、测控装置 CL 以及合并单元 MU，当只有一个装置 PL 发生通信中断，则可初步判断是接收装置 PL 方存在问题，L3 接收光纤、PL 的 1-A 接收端口、PL 的配置或处理可能存在问题；如果多个装置 PL、PM、CL、MU 同时发生通信中断，则可初步判断是 IL 发送方存在问题，IL 的配置、IL 的 1-A 发送端口、L1 发送光纤、交换机 SW1 等可能存在问题。通过装置告警信号判断可以缩小异常排查范围，提高异常处理效率。

附录 A 详细列出了智能变电站中保护装置、智能终端、合并单元等二次设备的常见告警信息及其释义。

2. 充分利用网络报文记录分析仪信息

智能变电站中配置了网络报文记录分析仪，记录全站二次系统的所有网络报文，并可进行在线和离线分析，为智能变电站异常事故分析提供了基础数据。现场应用要求网络报文记录分析仪至少能保存 7 天的 SV 报文数据，考虑到 SV 与 GOOSE 共网的应用，现场可以从网络报文记录分析仪调取到 7 天之内的所有网络报文进行分析。

当现场出现不正确动作时，网络报文记录分析仪可以协助分析其原因。若继电保护出现误动作或拒动作时，可以通过网络报文记录分析仪查到动作时的 GOOSE 报文，检查保护装置是否发出了跳闸报文，以此可以初步判断是保护装置不正确动作，还是智能终端不正确动作。若一次系统无故障，保护装置发出了 GOOSE 跳闸命令，则保护装置误动作；若一次系统无故障，保护装置未发出 GOOSE 跳闸命令，而最终断路器跳闸，则智能终端误动作或跳闸回路异常；若一次系统有故障，保护装置未发出 GOOSE 跳闸命令，则保护装置拒动作；若一次系统有故障，保护装置发出了 GOOSE 跳闸命令，最终断路器未跳闸，则智能终端拒动作或跳闸回路异常。

当装置发出接收数据异常的告警时，网络报文记录分析仪可以协助分析是发送方不正确，还是接收方不正确。当保护装置接收 SV 数据异常时，可以通过网络报文分析仪检查该合并单元的 SV 报文是否正确，包括 SV 数据集是否与配置一致、数据是否有效、

数据是否检修、SV 报文间隔是否满足要求、SV 延时是否发生变化、是否存在丢点现象等，以此分析是合并单元发送 SV 异常，还是保护装置接收异常，同时可以分析出具体的异常原因。某保护装置出现采样异常时，经网络报文记录分析仪记录的合并单元 SV 输出如图 8-2 所示。从图中可以看出，该 SV 报文出现了连续两个点的数据无效，而后数据又恢复有效，数据波形中也出现了间断，因此保护装置告警正确，合并单元出现了异常。

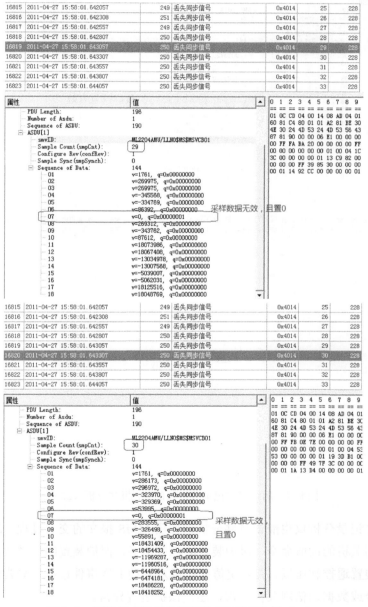

图 8-2　网络报文记录分析仪的 SV 报文分析（一）

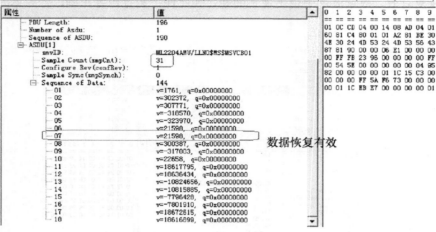

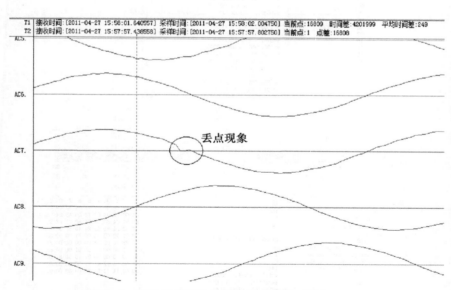

图 8-2 网络报文记录分析仪的 SV 报文分析（二）

　　网络报文记录分析仪也能记录并分析站控层 MMS 报文的交互过程，跟踪监控后台及数据通信网关机的读取命令、保护装置的应答结果、保护装置的上送数据等，可以协助分析保护装置遥控软压板、召唤定值操作以及主动上送事件过程中异常情况，辅助判断是监控后台或数据通信网关机异常，还是保护装置异常。

3. 严格检查配置正确性

智能变电站中，二次系统的正常运行依赖于配置的正确性，包括 SCD 文件配置、交换机配置以及各设备的私有配置。SCD 文件决定了二次设备通信参数、输入/输出数据以及虚端子连接关系。交换机配置决定了网络通信的正确性。私有配置主要包括端口配置、采样延时配置等。当现场保护装置出现采样错序、跳闸错序、无法接收 SV 或 GOOSE 时，需要严格检查 SCD 中该装置相关的虚端子配置、参数配置是否正确，虚端子配置必须与设计一致，并通过整组传动验证其正确性。

当报文通过交换机后无法正确传输时，需要检查交换机配置的正确性，主要检查其 VLAN 参数、静态组播、镜像等配置是否与设计一致。

私有配置需要设备厂家根据现场实际情况检查其私有参数的正确性，特别需要关注装置硬件端口的配置是否与设计一致。

4. 及时调取录波文件

录波文件记录了故障时电流和电压采样数据、一次设备的状态以及保护装置的动作情况，是故障定性和定量分析的主要依据之一。因此，事故现场应首先调取相关保护装置及故障录波器中的录波文件。智能变电站取消了屏柜内的打印机，录波文件可以从监控后台读取、分析并打印，也可通过移动打印机连接保护装置或故障录波器直接将录波文件打印。

5. 运用整组传动试验

运用整组传动试验的主要目的是检查继电保护的逻辑功能是否正常，软压板功能是否正确，动作时间是否正常。整组传动试验往往可以重现故障，对于快速找到故障根源很重要。

整组传动试验，应尽量使合并单元、保护装置、智能终端、断路器与事故发生时运行工况一致，避免在传动试验时有人工模拟干预。

8.3 典型异常及处理方法

8.3.1 GOOSE 链路中断

1. 异常介绍

装置之间依靠定时发送 GOOSE 报文以检测通信链路状态，即装置在一定时间内未收到订阅的 GOOSE 报文就会报 GOOSE 链路中断。装置在 2 倍报文允许生存时间内没有收到下一帧 GOOSE 报文时判断为中断。允许生存时间作为 GOOSE 报文的一个可配置参量，通常配置为 10s，在装置配置完成后是不变的。因此，通常 20s 没有接收到所需的 GOOSE 报文则判断为此链路中断。

GOOSE 链路中断时，装置面板上链路异常灯或告警灯点亮，装置液晶面板显示 GOOSE 链路中断，后台监控显示 GOOSE 链路中断。对于完全独立双重化配置的设备，GOOSE 链路中断最严重的将导致一套保护拒动，但不影响另一套保护正常快速切除故障；对于单套配置的设备，特别是单套智能终端报出的 GOOSE 链路中断，可能导致保护拒动。

常见 GOOSE 链路中断异常情况见表 8-1。

表 8-1   GOOSE 链路中断异常情况列表

间隔设备	GOOSE 链路	影 响 范 围
线路保护	与智能终端	本套保护无法接收断路器变位
	与断路器保护	本套保护无法启动失灵，断路器失灵无法启动本套保护远传
主变压器保护	与断路器保护	本套保护无法启动高压侧失灵，本套保护无法接收高压侧失灵联跳主变压器信号
	与 220kV 母线保护	本套保护无法启动中压侧失灵，本套保护无法接收中压侧失灵联跳主变压器信号
母线保护	与断路器保护	本套保护无法启动失灵，本套保护无法接收断路器失灵启动母线跳闸信号
断路器保护	与线路/主变压器/母线/断路器保护	本套保护无法接收启动失灵、闭锁重合闸信号，对本套失灵和重合闸功能有影响
	与智能终端	本套保护无法接收断路器变位，某些装置在断链的情况下重合闸会放电，导致无法选相跳闸
智能终端	与线路/主变压器/母线/断路器保护	本套智能终端无法接收跳闸、重合闸信号
	与测控	无法接收测控的遥控命令、联锁信号
测控	与智能终端/合并单元	无法接收本间隔遥信变位和设备告警
	与其他测控	无法接收其他间隔位置信号，影响跨间隔五防

2. 原因分析

判断 GOOSE 链路异常的三个关键点：

（1）GOOSE 链路中断告警是由 GOOSE 接收方判断并告警，而本装置的 GOOSE 发送有可能是正常。

（2）装置的 GOOSE 链路是指逻辑链路，并不是实际的物理链路，一个物理链路中可能存在多个逻辑链路，因此一个物理链路中断可能导致同时出现多个 GOOSE 链路告警信号。

（3）装置根据业务不同可能存在多个 GOOSE 链路，站内监控后台具有每个 GOOSE 链路的独立信号，可定位到每一个 GOOSE 链路；而监控中心 GOOSE 链路中断信号可能是装置全部 GOOSE 链路中断信号的合成信号，只能定位到装置。

GOOSE 链路中断主要有物理链路异常和逻辑链路异常两方面原因。物理链路异常可分为：

（1）发送端口异常：发送端口光功率下降、发送端口损坏、发送光纤未可靠连接。

（2）传输光纤异常：光纤弯折角度过大或折断、光纤接头污染。

（3）交换机异常：交换机端口故障、交换机参数配置错误。

（4）接收端口异常：接收端口损坏或受污染、接收光纤未可靠连接。

逻辑链路异常可分为：

（1）配置错误：发送方或接收方的 MAC、APPID 等参数配置错误、发送数据集与配置文件不一致。

（2）装置异常：发送方未正确发送 GOOSE、接收方未能正确接收 GOOSE。

（3）传输异常：网络丢包、GOOSE 报文间隔过大。

（4）检修不一致：GOOSE 收、发双方检修状态不一致。

3. 处理方法

当出现 GOOSE 链路异常信号后首先检查中断原因，一般可按以下步骤检查：

（1）首先确定 GOOSE 链路的传输路径，包括发送装置、传输环节、该 GOOSE 所有接收装置。

（2）检查该 GOOSE 所有接收方的告警信号，初步确定是 GOOSE 发送方原因还是接收方原因，以缩小检查范围，若该 GOOSE 所有接收方都有链路中断信号，则一般为发送方异常或公共物理链路异常；若为该 GOOSE 接收方中只有某一些装置存在链路中断信号，则一般为接收方异常或非公共物理链路异常。

（3）根据（2）中的判断，检查物理回路，测试相关装置的发送光功率、接收光功率或光纤光衰耗，根据测试结果判断是否为物理回路异常。

（4）若物理回路正常，进一步检查逻辑链路，检查 GOOSE 收、发双方的检修硬压板是否一致；另外，从网络报文分析仪中检查该 GOOSE 报文，并与 SCD 文件配置比较，确定 GOOSE 报文的正确性；若 GOOSE 报文正确，则检查接收方能否接收到该 GOOSE 报文，若能接收到 GOOSE 报文，则需检查接收方的配置，若未能接收到 GOOSE 报文，则检查交换机配置或发送装置的点对点口是否发出 GOOSE 报文；若 GOOSE 报文不正确，则检查发送方的配置。

通过上述排查，根据查找出的原因做进一步处理，更换光纤、光接口或修改接收方、发送方、交换机的配置，直至 GOOSE 链路异常信号复归。

8.3.2 SV 链路异常

1. 异常介绍

与 GOOSE 类似，装置在一定时间内未收到 SV 报文，也会报 SV 链路通信中断。

不同的是，SV 为周期性报文，报文频率一般为 4kHz，当装置未收到 1～3 个 SV 报文（不同装置判断有差别）即会判断为此链路中断。

同样，当 SV 收、发双方配置不一致或检修不一致时，装置也不能正确处理 SV 报文，也会判断为 SV 链路异常。

由于 SV 报文时间间隔很小，因此，装置可以快速判断出 SV 链路中断。

SV 链路异常时，装置面板上链路异常灯或告警灯点亮，相关保护被闭锁，装置液晶面板显示 SV 链路中断，后台监控显示 SV 链路中断。

对于完全独立双重化配置的设备，SV 链路异常时最严重的将导致一套保护拒动，但不影响另一套保护正常快速切除故障；对于单套配置的设备，可能导致保护拒动。

2. 原因分析

SV 链路异常是有接收方判断并告警，SV 链路可以分为逻辑链路和物理链路，装置根据业务不同也可能存在多个 SV 链路，站内监控后台具有每个 SV 链路的独立信号，可明确定位每一个 SV 链路，而监控中心 SV 链路中断信号则是装置全部 SV 链路中断信号的合成信号，只能定位到装置。

SV 链路异常主要有物理链路异常和逻辑链路异常两方面原因，其中物理链路异常原因与 GOOSE 物理链路异常原因相同。

SV 逻辑链路异常可分为：

（1）配置错误：发送方或接收方的 MAC、APPID 等参数配置错误、发送数据集与配置文件不一致。

（2）装置异常：发送方未正确发送 SV、接收方未正确接收 SV。

（3）传输异常：网络丢包、SV 报文时间间隔过大。

（4）检修不一致：SV 收、发双方检修状态不一致。

（5）SV 延时变化：运行过程中 SV 报文的额定延时发生变化。

3. 处理方法

当出现 SV 链路中断信号后首先检查中断原因，一般可按以下步骤检查：

（1）首先确定 SV 链路的传输路径，包括发送装置、传输环节、该 SV 所有接收装置。

（2）检查该 SV 所有接收方的告警信号，初步确定是 SV 发送方原因还是接收方原因，以缩小检查范围，若该 SV 所有接收方都有链路中断信号，则一般为发送方异常或公共物理链路异常；若为该 SV 接收方中只有某些装置存在链路中断信号，则一般为接收方异常或非公共物理链路异常。

（3）根据（2）中的判断，检查物理回路，测试相关装置的发送光功率、接收光功率或光纤光衰耗，根据测试结果判断是否为物理回路异常。

（4）若物理回路正常，进一步检查逻辑链路，检测 SV 收、发双方的检修硬压板是否一致；另外，从网络报文分析仪中检查该 SV 报文，并与 SCD 文件配置比较，确定

SV 报文的正确性；若 SV 报文正确，则检查接收方能否接收到该 SV 报文，若能接收到 SV 报文，则需检查接收方的配置，若未能接收到 SV 报文，则检查交换机配置或发送装置的点对点口是否发出 SV 报文；若 SV 报文不正确，则检查发送方的配置。

通过上述排查，根据查找出的原因做进一步处理，更换光纤、光接口或修改接收方、发送方、交换机的配置，直至 SV 链路异常信号复归。

8.3.3　合并单元/智能终端同步异常或对时异常

1. 异常介绍

合并单元或智能终端需要接收外部时间信号，如 IRIG-B、IEEE 1588 等。当装置外接对时源丢失，合并单元超出守时时间会报同步异常，智能终端会报对时异常。合并单元装置面板对应"同步异常"灯点亮，智能终端发送对时异常报文。合并单元对时丢失，对同步采样的保护装置会造成采样异常，对点对点采样保护装置无影响。智能终端对时丢失，将影响就地事件（SOE）的时标精度。

2. 原因分析

合并单元/智能终端同步异常或对时异常的原因一般包括：时钟装置发送的对时信号异常、外部时间信号丢失、对时连接回路异常或装置对时插件故障等。

3. 处理方法

当合并单元/智能终端同步异常或对时异常时，若全站出现，则表明对时信号或外部时间信号有问题，需检查处理站内对时总信号；若非全站性问题，则需检查处理异常信号对应光纤和装置对时插件。

8.3.4　合并单元异常

1. 异常介绍

合并单元异常包括合并单元告警和合并单元失电/闭锁。对于告警，装置面板对应告警信号灯点亮；对于装置闭锁，装置异常灯点亮或运行灯熄灭。合并单元异常可能导致 SV 发送数据错误，从而引起与之相关的保护闭锁甚至不正确动作。具体影响范围可结合保护装置采样异常信号确定。对完全独立双重化配置的设备，一套合并单元异常不会影响另一套保护系统。

2. 原因分析

合并单元装置异常可能触发原因：

（1）运行异常。运行异常原因包括同步信号丢失、相关 GOOSE 链路中断、级联接收数据异常、检修投入等。

（2）装置失电/闭锁。合并单元装置始终对硬件回路和运行状态进行自检，一般只有当装置出现严重硬件故障或者内部配置错误时，其功能会被闭锁。

3. 处理方法

当出现合并单元装置告警或闭锁时，应根据装置输出的 GOOSE 告警信号判断异常原因，如同步信号丢失、相关 GOOSE 断链或级联数据异常，并参考对时异常、GOOSE 链路中断处理方法进行处理。若为装置硬件故障或配置错误，则应根据异常原因及时让设备厂家协助处理。

8.3.5　智能终端异常

1. 异常介绍

智能终端异常包括智能终端告警和智能终端失电/闭锁。智能终端始终对硬件回路和运行状态进行自检，当出现装置闭锁时，将闭锁所有功能；装置告警需根据具体信号确定，仅告警或退出部分装置功能。对于装置异常告警，其面板上的告警信号灯点亮，并可能同时伴有其他具体的告警指示灯亮，如"GOOSE 断链"等；对于装置失电/闭锁，装置异常灯点亮或运行灯熄灭。智能终端告警将有可能影响到与之相关的保护装置正常跳/合闸命令，甚至造成保护不正确动作。

2. 原因分析

智能终端异常可能触发原因：

（1）装置告警。该信号产生的原因主要有三种情况，一是装置自身元件的异常，如光耦电源异常、光模块异常、文本配置错误等；二是装置所接的外部回路异常，如 GPS 时钟源异常；三是断路器及跳/合闸回路异常，如控制回路断线、断路器压力异常、GOOSE 断链等。

（2）装置失电/闭锁。该信号反映装置发生严重错误，影响正常运行，造成该信号的原因包括：板卡配置错误、装置失电等。

3. 处理方法

当出现智能终端告警或闭锁时，应根据装置输出各类 GOOSE 信号判断异常原因，如外部回路异常、控制回路断线或 GOOSE 断链，检查相应回路的完好性并进行处理。若为装置元件异常或配置错误，则应根据异常原因及时让设备厂家协助处理。

8.3.6　母线合并单元并列异常

1. 异常介绍

母线电压并列操作时条件不满足，母线合并单元会报"电压并列异常"信号，此时电压并列不成功，母线合并单元"电压并列"灯不亮，"电压并列异常"灯亮。出现"电压并列异常"时代表母线电压并列不成功。电压并列操作过程中出现该信号，应及时检查并列条件后继续操作。对母线电压并列运行时出现该信号，将导致母线合并单元中电压互感器检修段母线二次失压。

2. 原因分析

母线合并单元并列异常可能触发原因：母线合并单元接收母联智能终端断路器、隔离开关位置异常或接收母联智能终端 GOOSE 回路断链等。

3. 处理方法

当出现母线电压并列异常时，检查合并单元的母联断路器位置、隔离开关位置的输入情况，并检查 GOOSE 链路状态，确定具体原因后进行针对性处理，必要时让设备厂家协助处理。

8.3.7 保护采样异常

1. 异常介绍

保护装置接收 SV 报文断链或者接收到的采样数据无效，保护装置会判断为采样异常，保护装置会报"采样数据断链""采样数据无效"等信号，装置告警灯点亮。保护采样异常时，装置全部或部分功能将被闭锁。保护常见采样异常及其影响见表 8-2。

表 8-2 保护采样异常情况

间隔设备	接收合并单元采样中断	影响范围
线路保护	边断路器合并单元	线路主保护和后备保护被闭锁
	中断路器合并单元	线路主保护和后备保护被闭锁
	电压合并单元	线路纵联保护不受影响，后备保护被闭锁
主变压器保护	高压侧边断路器合并单元	主变压器差动保护和高压侧后备保护被闭锁
	高压侧中断路器合并单元	主变压器差动保护和高压侧后备保护被闭锁
	高压侧电压合并单元	主变压器高后备保护被闭锁
	中压侧合并单元（含电流电压通道）	主变压器差动保护和中压侧后备保护被闭锁
	低压侧合并单元（含电流电压通道）	主变压器差动保护和低压侧后备保护被闭锁
	公共绕组合并单元	主变压器分侧差动保护被闭锁
母线保护	边断路器合并单元	母线保护被闭锁
断路器保护	本断路器合并单元	本断路器保护将被闭锁

2. 原因分析

保护装置采样异常可能触发原因：

（1）合并单元发送的数据本身存在问题。

（2）采样值传输的物理链路发生中断，如光纤端口受损、受污、收发接反、光纤受损、损耗等原因导致的光路不通或光功率下降至接收灵敏度以下等。

3. 处理方法

本异常处理方法与 SV 链路异常处理方法类似。不过在排查数据发送方这一原因时，需重点检查的内容有所不同，需重点检查数据等间隔性、数据品质、丢帧、错序、数据无效、数据中断、检修不一致等情况。

8.3.8 保护装置异常

1. 异常介绍

保护装置异常包括运行异常和装置闭锁两类。装置始终对硬件回路和运行状态进行自检,运行异常仅告警或影响部分保护功能;装置闭锁会闭锁装置所有功能。对于运行异常,装置面板告警信号灯点亮;对于装置闭锁,装置异常灯点亮或运行灯熄灭。装置液晶面板会显示自检报告。对于完全独立双重化配置的保护,装置异常可能导致一套保护拒动,但不影响另一套保护正常快速切除故障;对于单套配置的保护,装置闭锁导致保护拒动。

2. 原因分析

保护装置运行异常可能触发原因:

(1)装置整定错误。

(2)运行状态类异常。

(3)通信类异常。

保护装置闭锁可能触发原因:

(1)定值异常。

(2)装置硬件故障。

3. 处理方法

根据保护装置的各类告警信息进行检查,若为定值原因,则认真检查装置定值,如重合闸压板/控制字错误、补偿参数设置错误、定值超范围、定值区无效等。对于运行状态类异常,一般需检查外部保护跳闸开入触点长期闭合、跳位无效、双位置输入不一致、电压互感器断线、长期有差流、电流互感器断线、远跳异常、长期启动、过负荷等。对于通信类异常,一般需检查 SV/GOOSE 异常、线路保护两侧识别码不一致、光纤接口不牢固等情况。

8.3.9 过程层交换机故障

1. 异常介绍

交换机具有自检功能,当自检到自身异常或装置失电时,由交换机异常告警和失电继电器触点发出告警信号,通过硬接线接入测控装置,经测控装置上送后台。对于双重化配置的过程层 GOOSE A 网交换机故障,可能会导致测控装置的遥信、遥控功能失效。GOOSE 交换机故障可能会导致后备保护拒动。SV 交换机故障,将影响测控装置、故障录波、网络分析装置、PMU、电能表等装置采样,但不影响点对点的主保护采样。

交换机异常时,告警灯点亮。对于过程层交换机,接入该交换机的测控装置、保护装置、智能终端、合并单元、故障录波、网络分析装置等报 GOOSE 链路或 SV 链路中断告警。对于站控层交换机，接入该交换机的间隔层设备（含保护装置、测控装置、故障录波、PMU、电能表、网络分析装置等）MMS 链路单通道中断告警，由于站控层网络一般采用双网运行，其中一台站控层交换机故障，不影响变电站监控后台、数据通信网关机的运行。

2. 原因分析

交换机异常产生的原因主要有两种情况，一是装置自身元件异常，如板卡异常等；二是交换机失电。交换机内部逻辑自检出异常或故障时发告警信号，说明装置的电源或内部元件存在故障。

3. 处理方法

交换机异常时检查装置是否失电，如果失电则设法恢复电源。若交换机元件异常，则更换相应交换机模块或整机，消除缺陷。

8.4 典型故障案例分析

8.4.1 案例一：采样延时异常引起保护误动分析

1. 故障情况

（1）故障概述。某日，某 500kV 智能变电站在配合直流工程进行人工短路试验时，由于其 220kV 各间隔采样合并单元提供的电流量不同步，造成该变电站 500kV 主变压器差动保护、220kV 母线差动保护、220kV 部分线路差动保护不正确动作，导致该变电站 2 号主变压器跳闸、220kV 北母失压以及两条 220kV 线路跳闸，未造成负荷损失。

（2）故障前运行情况。故障前，该 500kV 变电站运行方式如图 8-3 所示。

1）500kV 系统：500kV1 号线、2 号线、3 号线、4 号线、5 号线和 6 号线均运行。

2）2 号主变压器运行。

3）220kV 系统：220kV Ⅰ、Ⅱ 母经母联 220 断路器合环运行，2 号主变压器、220kV 甲线运行于 220kV Ⅰ 段母线，220kV 乙线、220kV 丙线运行于 220kV Ⅱ 段母线。

2. 保护动作情况及原因分析

（1）保护动作情况。直流站进行系统试验时，进行 500kV 7 号线 C 相人工短路试验，试验过程中 500kV 甲智能变电站 2 号主变压器三侧 5032 断路器、5033 断路器、222 断路器、662 断路器跳闸，220kV 甲断路器、母联 220 断路器三相跳闸，220kV 丙断路器单相跳闸，重合成功。事件未造成负荷损失。

现场检查保护动作情况：

1）2 号主变压器第一套保护和第二套保护分侧差动跳闸。

2）220kV 母线双套母线差动保护动作跳闸。

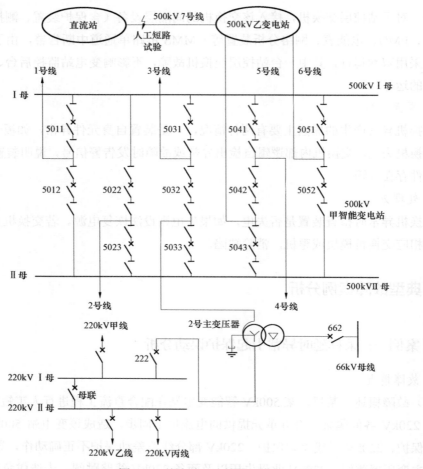

图 8-3　故障前一次接线示意图

3）220kV 甲线第一套光纤差动保护纵联差动动作 ABC 三相出口；第二套光纤差动保护未动作。

4）220kV 丙线第一套光纤差动保护 C 相纵联差动动作跳闸，重合闸动作成功；第二套光纤差动保护重合闸动作成功。

根据现场检查，5032 断路器、5033 断路器、222 断路器、662 断路器、220kV 甲断路器、母联 220 断路器在分位，一次设备均无异常。

（2）原因分析。从 2 号主变压器保护录波图 8-4 和图 8-5 中可以看出，2 号主变压器中压侧 C 相电流波形比高压侧、低压侧、公共绕组 C 电流波形滞后一个周波，因此主变压器差动保护产生差流，达到差动定值，满足动作条件，主变压器差动保护动作，跳开 2 号主变压器三侧断路器。

从 220kV 母线保护录波图 8-6 中可以看出，220kV 甲线、母联 220 的 C 相电流滞后 2 号主变压器中压侧 222 断路器一个周波，由此母线保护大差和 I 段母线小差都产生了差流，达到差动定值，复压条件满足，引起母线保护动作，跳开Ⅰ段母线上支路。

从220kV甲线保护录波图8-7中可以看出，线路本侧C相电流滞后对侧一个周波，从而产生了差流，一次差流约为1400A。为保证内部高阻接地故障时线路两套差动保护装置灵敏度相同，保护差流定值均整定为600A。

对于第一套保护而言，差动Ⅰ段动作值为1.5倍定值，无延时；差动Ⅱ段动作值为定值，延时25ms。差流值已达到保护的差动Ⅰ段动作值，差动保护动作。由于220kV甲线运行于Ⅰ段母线，此时220kV母线保护差动动作跳Ⅰ段母线，会给220kV甲线发生闭锁重合闸信号，因此220kV甲线第一套保护差动动作ABC三相出口。

对于第二套而言，差动Ⅰ段动作值为2.5倍定值，无延时；差动Ⅱ段动作值为1.5倍定值，延时40ms。差流值仅达到保护的差动Ⅱ段动作值，而未达到差动Ⅰ段动作值，时间仅有一个周波，未达到差动Ⅱ动作延时，因此220kV甲线第二套保护未动作。

从220kV丙线保护录波图8-8中可以看出，情况与220kV甲线基本类似，线路本侧C相电流滞后对侧一个周波，产生差流，一次差流也约为1400A，差动定值整定与220kV甲线相同。此时达到了第一套保护而言，达到差动Ⅰ段动作值，差动保护动作，跳开C相，跳开后满足重合条件，保护重合闸动作。第二套保护还是未达到差动Ⅰ段动作值，未达到差动Ⅱ段动作延时，保护未动作。此时由于C相断路器由第一套保护跳开，断路器跳位启动重合闸，保护重合闸动作。

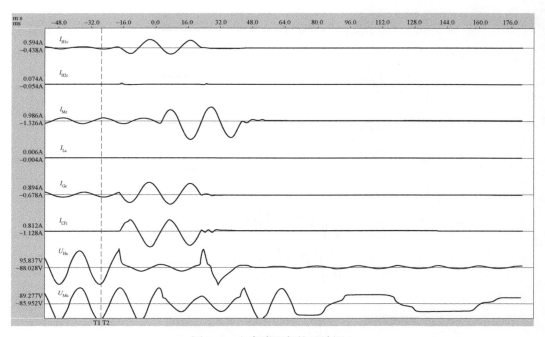

图8-4　主变压器保护录波图1

智能变电站二次设备运维检修实务

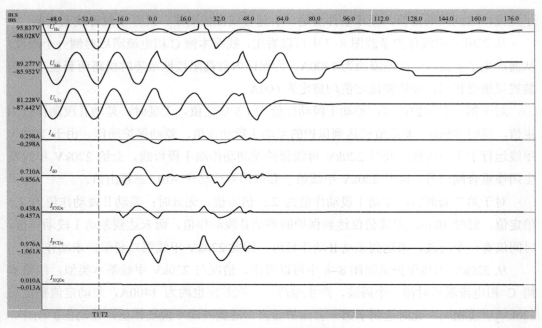

图 8-5 主变压器保护录波图 2

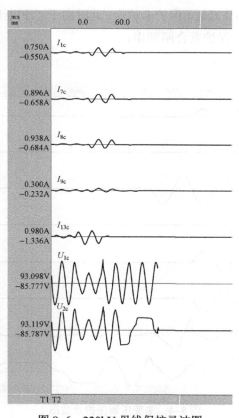

图 8-6 220kV 母线保护录波图

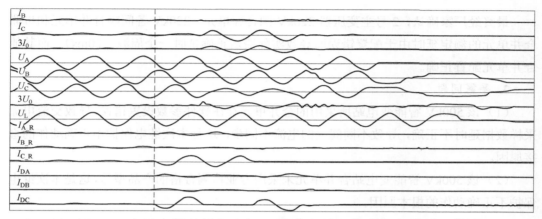

图 8-7　220kV 甲线保护录波图

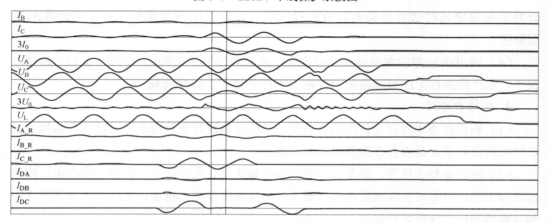

图 8-8　220kV 丙线保护录波图

由上述录波图中可以看出，主变压器保护中各侧电流 SV 不同步，220kV 母线保护中各支路电流 SV 不同步，220kV 线路保护中两侧电流不同步，都存在滞后一个周波的现象。现场对主变压器 220kV 合并单元进行试验，发现此合并单元中给主变压器保护的电流通道和给母线保护的电流通道不同步，存在一个周波的延时差。实际测试发现，此合并单元中给主变压器保护的电流通道延时不正确，滞后了 20ms。测试其他合并单元也发现，220kV 线路间隔合并单元、母联合并单元的延时也不正确，也滞后了 20ms。

因此上述 2 号主变压器保护、220kV 母线保护、220kV 甲线保护、220kV 丙线保护是由于合并单元的延时不正确（滞后 20ms）而引起差动保护动作，保护自身动作行为正确。2 号主变压器 220kV 侧变压器保护用电流波形落后 500kV 侧一个周波，造成变压器差动保护动作。220kV 母线保护中的线路间隔电流波形落后 2 号主变压器间隔一个周波，造成 220kV Ⅰ 段母线差动保护动作。而 220kV Ⅱ 段母线上各间隔电流均同步（实际均滞后统一时标一个周波），故Ⅱ段母线保护未动作。220kV 线路保护电流落后于线路对侧一个周波，造成线路差动保护动作。

最终经厂家确认，2 号主变压器 220kV 侧合并单元、220kV 各间隔合并单元和母联合并单元的额定延时由于配置错误而导致实际滞后正确延时一个周波（20ms）。而其他合并单元配置正确。

3. 暴露问题

（1）该 500kV 智能变电站所采用的合并单元存在软件参数设置错误，导致交流电流采样数据延时不正确，导致不同间隔的电流不同步，这是本次继电保护不正确动作的直接原因。

（2）该 500kV 智能变电站合并单元未采用专业检测合格的产品型号，这是本次继电保护不正确动作的根本原因。

（3）调试、运维检修人员对继电保护点对点采样的基本要求理解不深刻，未对合并单元额定延时进行检验和验收就投入运行，这是本次继电保护不正确动作的重要原因。

（4）该 500kV 智能变电站建设过程中，业主单位在合并单元的采购、验收、调试过程中，未严格执行上述检测结果，在相关工作的管理上存在疏漏。

4. 措施和建议

（1）积极排查本次存在问题的合并单元，应立刻进行更换改造；同时排查其他未通过检测的合并单元是否存在配置错误的问题。

（2）在设备制造环节，设备供应商作为质量主体，应强化质量意识，严格出厂检测标准和工艺，切实加强内部质量控制要求，从源头确保产品质量，实际工程必须提供检测合格的智能二次设备产品。

（3）新建、在建的变电站应使用通过检测的合并单元。各合并单元生产厂家必须提供通过检测合格的产品，设计、物资采购等环节应采用通过检测合格的合并单元，基建验收时重点检查合并单元是否通过检测。

（4）对于前期未采用检测合格的智能二次设备产品的智能变电站，应积极排查产品型号，并做好改造工作，更换为合格产品。

（5）在投产验收阶段，各单位要根据智能变电站特点，完善智能化变电站设备的试验调试方法，针对合并单元等智能变电站使用的新型设备，在验收调试工作中增加核查项目，采用各种有效试验方法发现和解决可能存在的各种缺陷，保证二次系统的正确性，实现设备零缺陷移交。

8.4.2　案例二：检修不一致引起保护拒动分析

1. 故障情况

（1）故障概述。某日，某 330kV 智能变电站 330kV 甲线发生异物短路 A 相接地故障，由于线路保护因 3320 断路器合并单元"装置检修"压板投入，线路双套保护闭锁，未及时切除故障，引起故障范围扩大，导致站内两台主变压器高压侧后备保护动作跳开三侧断路器，330kV 乙线路由对侧线路保护零序 Ⅱ 段动作切除。最终造成该智能变电站全停，该智能站所带的 8 座 110kV 变电站、1 座 110kV 牵引变电站和 1 座 110kV 水电站失压，损失负荷 17.8 万 kW。

（2）故障前运行情况。故障前，该 330kV 变电站运行方式如图 8-9 所示。

1）330kV Ⅰ、Ⅱ 母，第 1、3、4 串合环运行。

2）330kV 甲线、乙线及 1 号、3 号主变压器运行。

3）3320、3322 断路器及 2 号主变压器检修。

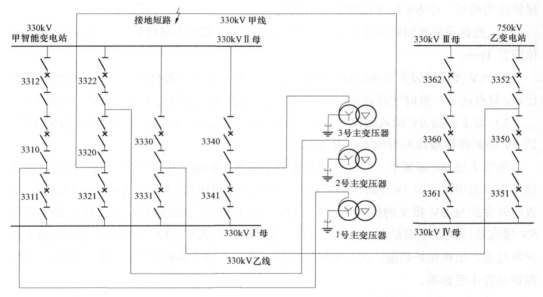

图 8-9　故障前一次接线示意图

2. 保护动作情况及原因分析

（1）保护动作情况。330kV 甲智能变电站进行 2 号主变压器及三侧设备智能化改造，改造过程中，330kV 甲线 11 号塔发生异物 A 相接地短路，330kV 甲智能变电站保护动作情况如下：

1）330kV 甲线路两套线路保护未动作，330kV 乙线路两套线路保护也未动作。

2）1 号主变压器、3 号主变压器高压侧后备保护动作，跳开三侧断路器。

750kV 乙变电站保护动作情况如下：

1）330kV 甲线两套保护距离 Ⅰ 段保护动作，跳开 3361、3360 断路器 A 相，3361 断路器保护经 694ms 后，重合闸动作，合于故障，84ms 后重合后加速动作，跳开 3361、3360 断路器三相。

2）330kV 乙线路零序 Ⅱ 段重合闸加速保护动作，跳开 3352、3350 断路器三相。

最终造成 330kV 甲智能变电站全停，其所带的 8 座 110kV 变电站、1 座牵引变电站和 1 座 110kV 水电站全部失压，损失负荷 17.8 万 kW。

（2）原因分析。2 号主变压器及三侧设备智能化改造过程中，现场运维人员根据工作票所列安全措施内容，在未退出 330kV 甲线两套线路保护中的 3320 断路器 SV 接收软压板的情况下，投入 3320 断路器汇控柜合并单元 A、B 套"装置检修"压板，发现 330kV 甲线 A 套保护装置 "告警"灯亮，面板显示"3320A 套合并单元 SV 检修投入报警"；330kV 甲线 B 套保护装置 "告警"灯亮，面板显示"中电流互感器检修不一致"，但运维人员未处理两套线路保护的告警信号。Q/GDW 1396—2012《IEC 61850 工程继电保护应用模型》中 SV 报文检修处理机制要求如下：

1）当合并单元装置检修压板投入时，发送采样值报文中采样值数据的品质 q 的 Test 位应置 True。

2）SV 接收端装置应将接收的 SV 报文中的 Test 位与装置自身的检修压板状态进行比较，只有两者一致时才将该信号用于保护逻辑，否则应按相关通道采样异常进行处理。

3）对于多路 SV 输入的保护装置，一个 SV 接收软压板退出时应退出该路采样值，该 SV 中断或检修均不影响本装置运行。

按照上述 2）条要求，330kV 甲智能变电站中，330kV 甲线两套线路保护自身的检修压板状态退出，而 3320 断路器合并单元的检修压板投入，SV 报文中 Test 位置位，导致线路保护与 SV 报文的检修状态不一致，而此时并未退出线路保护中 3320 断路器的 SV 接收软压板，不满足上述 3）条要求，因此保护装置将 3320 断路器的 SV 按照采样异常处理，闭锁保护功能，而对侧线路保护差动功能由于本侧保护的闭锁而退出，其他保护功能不受影响。

因此，330kV 甲线发生异物 A 相接地短路时，330kV 甲线区内故障，两侧差动保护退出而不动作，甲变电站侧线路保护功能全部退出，不动作；乙变电站侧线路保护距离 Ⅰ 段保护动作，跳开 A 相，切除故障电流，3361 断路器和 3360 断路器进入重合闸等待，3361 断路器保护先重合，由于故障未消失，3361 断路器保护重合于故障，线路保护重合闸后加速保护动作，跳开 3361 和 3360 断路器三相。

对于 330kV 乙线，属于区外故障，在甲变电站侧保护的反方向、在乙变电站侧保护的正方向，因此甲变电站侧乙线线路保护未动作，乙变电站侧乙线线路保护零序 Ⅱ 段重合闸加速保护动作，跳开 3352、3350 断路器三相。

故障前，330kV 甲智能变电站中，1 号主变压器和 3 号主变压器运行，故障点在主变压器差动保护区外，在高压侧后备保护区内，因此 1 号和 3 号主变压器的差动保护未动作，高压侧后备保护动作，跳开三侧断路器。

由上述分析可知，所有保护正确动作，主要由于 330kV 甲线线路保护闭锁导致故障范围扩大。

3. 暴露问题

（1）智能站二次系统技术管理薄弱。运维单位对智能变电站设备特别是二次系统技术、运行管理重视不够，对智能站二次设备装置、原理、故障处置没有开展有效的技术培训，没有制定针对性的调试大纲和符合现场实际的典型安全措施，现场运行规程编制不完善，关键内容没有明确说明，现场检修、运维人员对智能变电站相关技术掌握不足，保护逻辑不清楚，对保护装置异常告警信息分析不到位，没能作出正确的判断。

（2）改造施工方案编制审核不严格。变电站智能化改造工程施工方案没有开展深入的危险点分析，对保护装置可能存在的误动、拒动情况没有制定针对性措施，安全措施不完善。管理人员对施工方案审查不到位，工程组织、审核、批准存在流于形式、审核把关不严等问题。

（3）保护装置说明书及告警信息不准确。PCS–931、WXH–803 线路保护装置说明书、装置告警说明不全面、不准确、不统一，未显示重要告警信息（应显示"保护已闭锁"，现场告警信息为"SV 检修投入报警""中电流互感器检修不一致"），技术交底不充分，容易造成现场故障分析判断和处置失误。

4. 措施和建议

（1）加强智能站设备技术和运维管理，高度重视智能变电站设备特别是二次系统的技术和运维管理，结合实际，制定智能站调试、检验大纲，规范智能站改造、验收、定检工作标准，加强继电保护作业指导书的编制和现场使用；现场操作过程中应时刻注意设备的告警信号，重视各类告警信号，出现告警应及时处理。

（2）明确二次设备的信号描述，智能二次设备各种告警信号应含义清晰、明确，且符合现场运维人员习惯，直观表示告警信号的严重程度，如上述保护装置判断出 SV 报文检修不一致后，应明确"保护闭锁"；编制完善的智能站调度运行规程和现场运行规程，细化智能设备报文、信号、压板等运维检修和异常处置说明。

（3）进一步提升二次设备的统一性，在继电保护"六统一"基础上，进一步统一继电保护的信号含义和面板操作等，使检修、运维人员对装置信号具有统一的理解，降低智能变电站现场检修、运维的复杂度。

（4）加强继电保护、变电运维等专业技术技能培训，开展智能站设备原理、性能及异常处置等专题性培训，使现场检修、运维人员对智能变电站具有深入理解，提升智能变电站运维管理水平。

8.4.3　案例三：软压板投退不当引起保护误动分析

1. 故障情况

（1）故障概述。某日，某 220kV 智能变电站进行 220kV 分段合并单元更换，在恢复 220kV 母线保护的过程中，由于操作顺序执行错误，导致Ⅰ、Ⅱ母母线保护动作，跳开母联、2 条线路和 1 台主变压器，事件没有造成负荷损失。

（2）故障前运行情况。故障前，该 220kV 智能变电站运行方式如图 8-10 所示。

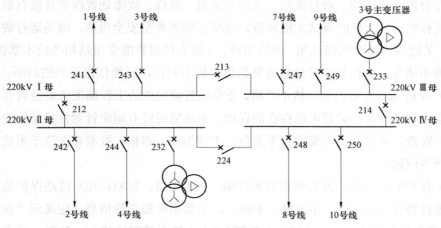

图 8-10　故障前一次接线示意图

1）220kV 系统采用双母线双分段接线，运行出线 8 回，主变压器 2 台。

2）1 号线、3 号线运行于 I 母；2 号线、4 号线、2 号主变压器运行于 II 母；7 号线、9 号线、3 号主变压器运行于 III 母；8 号线、10 号线运行于 IV 母。

3）母联 212 断路器、母联 214 断路器、分段 213 断路器运行，分段 224 断路器检修。

2. 保护动作情况及原因分析

（1）保护动作情况。该 220kV 智能变电站进行 II、IV 母分段 224 断路器合并单元及智能终端更换、调试工作，224 断路器处于检修状态。按现场工作需要和调度令，站内退出 220kV I－II 段母线及 III－IV 段母线 A 套差动保护。现场工作结束后，运行人员按调度令开始操作恢复 220kV I－II 段母线及 III－IV 段母线 A 套差动保护，首先退出 I－II 段母线 A 套差动保护"投检修"压板，然后操作批量投入各间隔的"GOOSE 发送软压板"和"间隔投入软压板"。在投入"间隔投入软压板"时，I、II 母母线保护动作，跳开 I、II 母母联 212 断路器、2 号主变压器 232 断路器、1 号线 241 断路器以及 2 号线 242 断路器，3 号线 243 断路器和 4 号线 244 断路器由于"间隔投入软压板"还未投入，未跳开，事件没有造成负荷损失。

（2）原因分析。在恢复 220kV I、II 母母线 A 套差动保护过程中，运行人员先将母线保护"投检修"压板提前退出，然后投入了 I、II 段母线上各间隔的"GOOSE 发送软压板"，这使母线保护具备了跳闸出口条件，在投入"间隔投入软压板"过程中，已投入"间隔投入软压板"的支路电流参与母线保护计算，而未投入"间隔投入软压板"的支路电流不参与母线保护计算，因此 I、II 段母线上运行的支路有些参与差流计算，有些未参与差流计算，这势必导致出现差流，当投入 1 号线、2 号线和 2 号主变压器间隔后，差流达到动作门槛，差动保护动作，跳开所有已投入"间隔投入软压板"的支路，其他支路不跳闸。

3. 暴露问题

（1）现场工作组织管理不力。对智能化设备更换工作组织管理不到位，现场施工方案执行落实不到位，工作前未充分组织运行人员、检修人员、专业管理人员开展风险辨识，在倒闸操作中错误地填写、执行倒闸操作票，现场作业组织管理和监督执行不到位。

（2）现场运维水平有待提高。运行人员对智能变电站二次设备的工作机制了解不深入，对设备压板的正确操作方法不掌握；现场没有编制设备操作规程，导致现场操作不规范、无依据。

（3）"两票三制"执行不到位。现场工作中，倒闸操作票步骤顺序填写错误，提前退出了 220kVⅠ、Ⅱ母母线保护检修压板，之后的操作顺序也未按照倒闸操作票执行，操作顺序和操作票不一致，先投入了"GOOSE 发送软压板"，再投入"间隔投入软压板"，导致母线保护动作，暴露出运行人员执行倒闸操作随意，存在习惯性违章行为。

（4）运行管理存在薄弱环节。人员技能培训不够，现场运行人员对智能变电站相关技术掌握不足。执行倒闸操作准备不充分，倒闸操作票审核把关不严，操作前运行人员未能提前辨识操作中的风险。现场运行规程编制不完善，针对智能化设备的运行、操作等内容指导性不强，典型操作票不完善。

4. 措施和建议

（1）现场加强监督管理，运行人员应在智能变电站投运之前根据实际工程情况编制详细的操作规程，变电站运维过程中各项工作应严格执行操作规程和两票制度；智能变电站运维操作过程应加强监护，确保变电站的安全可靠运行。

（2）加强智能变电站技术培训，开展智能站设备原理、性能及异常处置等专题性培训，使现场运维人员对智能变电站工作机理具有深入理解，熟练掌握设备的日常操作，提升智能变电站运维管理水平。

（3）智能变电站执行安全措施时，第一步应退出"GOOSE 出口软压板"或出口硬压板，然后进行其他操作；在恢复安全措施过程中，应在检查装置无异常且无跳闸动作的情况下，最后一步投入"GOOSE 出口软压板"或出口硬压板。

（4）现场工作应时刻监视设备的运行状态，现场进行设备操作过程中，应关注设备的运行状态和告警信号，当设备有异常告警时应立刻停止操作，在该变电站进行母线保护"间隔投入软压板"投入操作时，应及时检查差动保护的差流大小，在投入第一个"间隔投入软压板"时，差流比较小，还未达到差动动作值，若及时发现应避免差动保护动作。

附录 A 智能变电站二次设备常见异常告警信号及释义

A.1 主变压器保护告警信息释义

表 A–1   主变压器保护告警信息释义

信 息 名 称	含 义 说 明	处 理 方 式
保护 CPU 插件异常	保护 CPU 插件异常，主要包括程序、定值、数据存储器出错等	退出保护，更换 CPU 插件
高压侧电压互感器断线	高压侧电压互感器断线	检查高压侧电压回路
中压侧电压互感器断线	中压侧电压互感器断线	检查中压侧电压回路
低压 1 分支电压互感器断线	低压 1 分支电压互感器断线	检查低压 1 侧电压回路
低压 2 分支电压互感器断线	低压 2 分支电压互感器断线	检查低压 2 侧电压回路（500kV 低压不分 1，2 分支）
高压 1 侧电流互感器断线	高压 1 侧电流互感器断线	检查高压 1 侧电流回路
高压 2 侧电流互感器断线	高压 2 侧电流互感器断线	检查高压 2 侧电流回路
中压侧电流互感器断线	中压侧电流互感器断线	检查中压侧电流回路
低压 1 分支电流互感器断线	低压 1 分支电流互感器断线	检查低压 1 侧电流回路
低压 2 分支电流互感器断线	低压 2 分支电流互感器断线	检查低压 2 侧电流回路检查低压 2 侧电流回路（500kV 低压不分 1，2 分支）
公共绕组电流互感器断线	公共绕组电流互感器断线	检查公共绕组电流回路
差流越限	差流越限	检查参数定值与实际设备参数是否一致，检查二次回路
管理 CPU 插件异常	管理 CPU 插件上有关芯片出现异常	退出保护，更换 CPU 插件
开入异常	失灵 GOOSE 长期开入	检查失灵开入回路
高压侧过负荷	高压侧过负荷	检查高压侧电流值，加强主变压器监视
中压侧过负荷	中压侧过负荷	检查中压侧电流值，加强主变压器监视
低压侧过负荷	低压侧过负荷	检查低压侧电流值，加强主变压器监视
公共绕组过负荷	公共绕组过负荷	检查公共绕组电流值，加强主变压器监视
对时异常	对时异常	检查对时源、对时插件、对时光纤等
SV 总告警	SV 所有异常的总报警	检查断链、检修不一致、SV 发送方相关配置等情况
GOOSE 总告警	GOOSE 所有异常的总报警	检查断链、检修不一致、相关控制块配置等情况
SV 采样数据异常	SV 数据异常的信号	检查断链、检修不一致、SV 发送方相关配置等情况

续表

信 息 名 称	含 义 说 明	处 理 方 式
SV 采样链路中断	链路中断，任意链路中断均要报警	检查光纤接收口光功率，从收和发两个装置侧分别查看，抓报文查看
GOOSE 数据异常	GOOSE 异常的信号	检查断链、检修不一致、相关控制块配置等情况
GOOSE 链路中断	链路中断	检查光纤接收口光功率，从收和发两个装置侧分别查看，抓报文查看

A.2　线路保护告警信息释义

表 A-2　　　　　　　　　　线路保护告警信息释义

信 息 名 称	含 义 说 明	处 理 方 式
保护 CPU 插件异常	保护 CPU 插件出现异常	退出保护，更换 CPU 插件
管理 CPU 插件异常	管理 CPU 插件出现异常	退出保护，更换 CPU 插件
电压互感器断线	保护用的三相电压回路异常	检查三相电压回路
同期电压异常	同期判断用的电压回路断线，通常为单相电压	检查同期电压回路（500kV 一般不检查同期）
电流互感器断线	电流回路断线	检查电流回路
长期有差流	差流长时间大于门槛值	检查采样值：差流，本侧电流，对侧电流，两侧电流夹角
电流互感器异常	电流互感器回路异常	检查电流回路
电压互感器异常	电压互感器回路异常	检查电压回路
过负荷告警	过负荷	检查电流采样值
开入异常	开入回路发生异常	检查开入电源正及负公共端，开入回路
电源异常	直流电源异常	检查电源
两侧差动投退不一致	两侧差动保护装置的差动保护功能压板投入不一致	检查装置开入中的压板状态，检查压板投入情况
载波通道异常	载波通道发生异常	检查载波通道
通道故障	通道发生异常	检查识别码、光纤通道，测光功率，自环测试等
重合方式整定出错	重合闸控制字整定出错	检查控制字整定情况
对时异常	对时异常	检查对时源、对时插件、对时光纤等
SV 总告警	SV 所有异常的总报警	检查断链、检修不一致、SV 发送方相关配置等情况
GOOSE 总告警	GOOSE 所有异常的总报警	检查断链、检修不一致、相关控制块配置等情况
SV 采样数据异常	SV 数据异常的信号	检查断链、检修不一致、SV 发送方相关配置等情况

续表

信 息 名 称	含 义 说 明	处 理 方 式
SV 采样链路中断	链路中断	检查光纤接收口光功率，从收和发两个装置侧分别查看，抓报文查看
GOOSE 数据异常	GOOSE 异常的信号	检查断链、检修不一致、相关控制块配置等情况
GOOSE 链路中断	链路中断	检查光纤接收口光功率，从收和发两个装置侧分别查看，抓报文查看

A.3 母联保护告警信息释义

表 A-3   **母联保护告警信息释义**

信 息 名 称	含 义 说 明	处 理 方 式
保护 CPU 插件异常	保护 CPU 插件出现异常	退出保护，更换 CPU 插件
管理 CPU 插件异常	管理 CPU 插件出现异常	退出保护，更换 CPU 插件
电流互感器断线	电流回路断线	检查电流回路
电流互感器异常	电流互感器回路异常或采样回路异常	检查电流回路
对时异常	对时异常	检查对时源、对时插件、对时光纤等
SV 总告警	SV 所有异常的总报警	检查断链、检修不一致、SV 发送方相关配置等情况
GOOSE 总告警	GOOSE 所有异常的总报警	检查断链、检修不一致、相关控制块配置等情况
SV 采样数据异常	SV 数据异常的信号	检查断链、检修不一致、SV 发送方相关配置等情况
SV 采样链路中断	SV 链路中断	检查光纤接收口光功率，从收和发两个装置侧分别查看，抓报文查看
GOOSE 数据异常	GOOSE 异常的信号	检查断链、检修不一致、相关控制块配置等情况
GOOSE 链路中断	GOOSE 链路中断	检查光纤接收口光功率，从收和发两个装置侧分别查看，抓报文查看

A.4 母线保护告警信息释义

表 A-4   **母线保护告警信息释义**

信 息 名 称	含 义 说 明	处 理 方 式
保护 CPU 插件异常	保护 CPU 插件出现异常，包括程序、定值、数据存储器出错等	退出保护，更换 CPU 插件

续表

信 息 名 称	含 义 说 明	处 理 方 式
支路电流互感器断线（线路、变压器）	线路（变压器）支路电流互感器断线告警，闭锁母差保护	查看各间隔电流情况；确认变比设置正确；确认电流回路接线正确；如仍无法排除，则建议退出装置，尽快安排检修
母联/分段电流互感器断线	母线保护不进行故障母线选择，大差比率动作切除互联母线	查看母联/分段间隔电流情况、各隔间隔离开关位置情况；确认母联/分段间隔变比设置正确、电流回路接线正确；如仍无法排除，则建议退出装置，尽快安排检修
Ⅰ母电压互感器断线	保护元件中该段母线电压互感器断线	若是操作引起，不必处理。若正常运行过程中报警，检查电压互感器二次回路
Ⅱ母电压互感器断线	保护元件中该段母线电压互感器断线	若是操作引起，不必处理。若正常运行过程中报警，检查电压互感器二次回路
管理 CPU 插件异常	管理 CPU 插件上有关芯片异常	退出保护，更换 CPU 插件
通信中断	管理 CPU 和保护 CPU 通信异常	退出保护，联系厂家处理
失灵启动开入异常	各支路启动失灵开入异常总信号	检查各间隔失灵开入信号确认是否有失灵信号长期开入，并检查发送失灵信号装置
支路隔离开关位置异常	开入板件校验异常，相关开入触点误启动，保护已记忆初始状态	检查隔离开关二次辅助回路状态
对时异常	GPS 对时异常	检查对时源、对时插件、对时光纤等
SV 总告警	SV 所有异常的总报警	检查断链、检修不一致、SV 发送方相关配置等情况
GOOSE 总告警	GOOSE 所有异常的总报警	检查断链、检修不一致、相关控制块配置等情况
SV 采样数据异常	SV 数据异常的信号	检查断链、检修不一致、SV 发送方相关配置等情况
SV 采样链路中断	链路中断，任意链路中断均报警	检查光纤接收口光功率，从收和发两个装置侧分别查看，抓报文查看
GOOSE 数据异常	GOOSE 异常的信号	检查断链、检修不一致、相关控制块配置等情况
GOOSE 链路中断	链路中断	检查光纤接收口光功率，从收和发两个装置侧分别查看，抓报文查看

A.5 合并单元告警信息释义

表 A–5　　　　　　　　　　合并单元告警信息释义

信 息 名 称	含 义 说 明	处 理 方 式
装置故障	影响装置功能相关硬件故障，如 RAM 自检出错、FLASH 自检出错等；影响装置无法正常运行的软件故障，如程序自检出错等；装置失电告警等；所有合并单元功能退出	如果告警可以复归，可继续运行，同时联系厂家，更换 CPU 插件；如果自检告警不能复归，退出保护，联系厂家协助处理

续表

信 息 名 称	含 义 说 明	处 理 方 式
运行异常	装置正常运行时熄灭；检测到异常状态时点亮（装置告警总）	进一步结合具体异常信号处理
同步异常	装置守时不成功，影响采样的同步性，时标同步时会闭锁保护，点对点采样不受影响	检查对时源、对时插件、对时光纤等
光耦失电	装置开入板开入电源消失，会导致检修把手位置信息无法采入	检查装置遥信电源
隔离开关位置异常	电压切换时，隔离开关双位置同分、同合、既分又合，会导致不能正常电压切换	检查合并单元接收隔离开关位置
电压互感器切换同时动作	电压切换时，间隔隔离开关均投入	结合当前状态，分析信号是否正确，如不正确，参照隔离开关位置异常处理
电压互感器切换同时返回	电压切换时，间隔隔离开关均退出	结合当前状态，分析信号是否正确，如不正确，参照隔离开关位置异常处理
SV 总告警	SV 所有异常的告警，包括合并单元本身 SV 输出的异常	检查断链、检修不一致、SV 发送方相关配置等情况
SV 级联数据异常	SV 级联报文品质异常、报文抖动、丢帧、链路中断等，导致异常 SV 的级联点输出无效	检查装置级联接收数据
GOOSE 总告警	GOOSE 所有异常的告警	检查间隔合并单元与母线合并单元间断链、检修不一致、相关控制块配置等情况
GOOSE 数据异常	GOOSE 链路接收与发送不匹配、配置错误、链路中断等，影响异常 GOOSE 链路的开入	检查断链、检修不一致、相关控制块配置等情况
检修不一致	接收到的 SV 或者 GOOSE 报文检修状态和装置检修状态不一致，会导致无法正确解析采集隔离开关和其他状态信息	检查是否正常检修导致告警；若无检修，检查是否有误投检修

A.6 智能终端告警信息释义

表 A–6 智能终端告警信息释义

信 息 名 称	含 义 说 明	处 理 方 式
GOOSE 块 1～15 告警	装置直连口和网络口 GOOSE 中断、异常、检修不一致的总告警	检查断链、检修不一致、相关控制块配置等情况
检修不一致告警	所有检修不一致或逻辑	检查是否正常检修导致告警；若无检修，检查是否有误投检修
对时异常告警	校时信号中断或校时信号异常	检查对时源、对时插件、对时光纤等
操作电源掉电监视	装置操作电源掉电	检查操作电源空气开关是否给上
光耦失电告警	遥信电源失电	检查遥信电源是否正常

续表

信 息 名 称	含 义 说 明	处 理 方 式
运行异常告警	装置以外设备或回路引起告警	根据具体告警信号进行处理
装置故障告警	装置本身硬件、软件导致的故障和工作电源失电	检查装置电源是否正常；退出装置，更换插件
另一智能终端运行异常告警	监视另一套智能终端异常信号	检查双套配置另一套智能终端运行工况
另一智能终端故障告警	监视另一套智能终端故障告警信号	检查双套配置另一套智能终端运行工况

A.7　备自投告警信息释义

表 A–7　　　　　　　　　　　　　备自投告警信息释义

信 息 名 称	含 义 说 明	处 理 方 式
保护 CPU 插件异常	保护 CPU 出现异常：装置上电、存储器错误、运行定值区无效、定值校验错误、程序校验错误、监视模块告警、装置异常等	退出保护，更换 CPU 插件
开入开出异常	开入开出插件异常	检查插件，必要时更换插件
采样模块异常	A/D 采样模块或 SV 接收模块异常	检查插件，必要时更换插件
电流互感器断线	电流回路断线	检查电流回路
Ⅰ母电压互感器断线	Ⅰ母电压回路断线，发告警信号，复合电压控制元件开放	检查Ⅰ母电压二次回路接线
Ⅱ母电压互感器断线	Ⅱ母电压回路断线，发告警信号，复合电压控制元件开放	检查Ⅱ母电压二次回路接线
对时异常	装置和外部时钟对时异常	检查对时源、对时插件、对时光纤等
分段跳位异常	分段断路器在跳位却有电流发告警信号，闭锁备自投	检查分段断路器辅助触点
TWJ1 异常	进线 1 断路器在跳位却有电流发告警信号，闭锁备自投	检查进线 1 断路器辅助触点
TWJ2 异常	进线 2 断路器在跳位却有电流发告警信号，闭锁备自投	检查进线 2 断路器辅助触点
电源 1 电压异常	进线 1 电压互感器断线，发告警信号，闭锁备自投方式 2	检查进线 1 电压二次回路接线
电源 2 电压异常	进线 2 电压互感器断线，发告警信号，闭锁备自投方式 1	检查进线 2 电压二次回路接线
备投闭锁告警	备投闭锁，不满足备投充电条件	检查相关回路
HMI 模件异常	监控模件出现异常	检查保护装置
内部通信异常	HMI 模件和保护 CPU 之间通信异常、面板模件通信异常	检查保护装置
SV 总告警	SV 所有异常的总报警	检查断链、检修不一致、SV 发送方相关配置等情况
SV 采样数据异常	SV 数据异常的信号	检查断链、检修不一致、SV 发送方配置等情况

续表

信 息 名 称	含 义 说 明	处 理 方 式
电源 1 合并单元 SV 断链	备自投与电源 1 合并单元 SV 断链	检查光纤接收口光功率，从收和发两个装置侧分别查看，抓报文查看
电源 2 合并单元 SV 断链	备自投与电源 2 合并单元 SV 断链	检查光纤接收口光功率，从收和发两个装置侧分别查看，抓报文查看
分段合并电元 SV 断链	备自投与分段合并单元 SV 断链	检查光纤接收口光功率，从收和发两个装置侧分别查看，抓报文查看
GOOSE 总告警	GOOSE 所有异常的总报警	检查断链、检修不一致、相关控制块配置等情况
GOOSE 数据异常	GOOSE 异常的信号	检查断链、检修不一致、相关控制块配置等情况
电源 1GOOSE 链路中断	备投与电源 1 智能终端链路中断	检查光纤接收口光功率，从收和发两个装置侧分别查看，抓报文查看
电源 2GOOSE 链路中断	备投与电源 2 智能终端链路中断	检查光纤接收口光功率，从收和发两个装置侧分别查看，抓报文查看
分段 GOOSE 链路中断	备投与分段智能终端链路中断	检查光纤接收口光功率，从收和发两个装置侧分别查看，抓报文查看

A.8　低频低压减负荷装置告警信息释义

表 A-8　　　　　　　低频低压减负荷装置告警信息释义

信 息 名 称	含 义 说 明	处 理 方 式
电压互感器断线异常	电压回路断线	检查电压回路并对比其他监控装置，确定外部输入无问题后请厂家协助处理
电压消失异常	电压回路电压消失	检查电压回路并对比其他监控装置，确定外部输入无问题后请厂家协助处理
GPS 板异常	GPS 板对时异常	更换 GPS 板
DI 板异常	开入板异常	更换 DI 板
DO 板异常	开出板异常	更换 DO 板
SV 总告警	SV 所有异常的总报警	检查断链、检修不一致、SV 发送方相关配置等情况
SV 采样数据异常	SV 数据异常的信号	检查断链、检修不一致、SV 发送方配置等情况
GOOSE 总告警	GOOSE 所有异常的总报警	检查断链、检修不一致、相关控制块配置等情况
GOOSE 数据异常	GOOSE 异常的信号	检查断链、检修不一致、相关控制块配置等情况
SV 链路中断	SV 链路中断，A/D 采样或 SV 接收数据无	检查光纤接收口光功率，从收和发两个装置侧分别查看，抓报文查看
GOOSE 链路中断	GOOSE 链路中断	检查光纤接收口光功率，从收和发两个装置侧分别查看，抓报文查看

附录 B 缩 略 语

缩写	英 文 全 称	中 文 含 义
ACSE	Association Control Server Element	关联控制服务元素
ACSI	Abstract Commutation Service Interface	抽象通信服务接口
Alm	Alarm	报警
APDU	Application Protocol Data Unit	应用协议数据单元
ASDU	Application Service Data Unit	应用服务数据单元
APPID	Application Identification	应用标识
ASN.1	Abstract Syntax Notation One	抽象语法记忆
BRCB	Buffer Report Control Block	缓存报告控制块
BER	Basic Encoding Rules	基本编码规则
CCD	ConfiguredCircuit Description	回路实例配置文件
CDC	Common Data Class	公用数据类
CID	Configured IED Description	IED 配置后的描述
CIM	Common Information Model of IEC 61970-301	IEC 61970-301 公共信息模型
CoS	Class of Service	服务等级
CRC	Cyclical Redundancy Check	循环冗余校验
CSD	Configured Switch Description	交换机配置描述文件
DA	Data Attribute	数据属性
DAT	Data Attribute Type	数据属性类型
dchg	Data Change Trigger Option	数据变化触发项
DO	Data Object	数据对象
DPCSO	Double Point Controllable Status Output	双点可控状态输出
dupd	Data-Update Trigger Option	数据刷新触发项
ECT	Electronic Current Transformer or transducer	电子式电流互感器/变送器
EVT	Electronic Voltage Transformer or transducer	电子式电压互感器/变送器
FC	Functional Constraint	功能约束
FCD	Functional Constrained Data	功能约束数据
FCDA	Functional Constrained Data Attribute	功能约束数据属性
GARP	Generic Attribute Registration Protocol	通用属性注册协议
GI	General Interrogation	总召
GIS	Gas Insulated Switchgear	气体绝缘开关设备
GMRP	GARP Multicast Registration Protocol	GARP 组播注册协议
GoCB	Goose Control Block	GOOSE 控制块

173

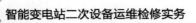

续表

缩写	英 文 全 称	中 文 含 义
GOOSE	Generic Object Oriented Substation Events	通用面向变电站事件对象
GPS	Global Positioning System （time source）	全球定位系统（时间源）
GSE	Generic Substation Event	通用变电站事件
GSSE	Generic Substation Status Event	通用变电站状态事件
HMI	Human Machine Interface	人机接口
HSR	High availability Seamless Redundancy	高获取度无缝冗余协议
I/O	Status Inputs/Output contacts，or channels	状态输入/输出触点，或通道
ICD	IED Configuration Description	智能电子设备配置描述
IEC	International Electrotechnical Commission	国际电工委员会
IED	Intelligent Electronic Device	智能电子设备
IEEE	Institute of Electrical and Electronics Engineers	电气电子工程师协会
IRIG	Inter Range Instrumentation Group	靶场间测量仪器组
Ind	Indication	指示
IID	Instantiated IED Description	实例化的 IED 描述文件
SED	System Exchange Description	系统交换描述文件
ISO	International Organization for Standardization	国际标准化组织
LAN	Local Area Network	局域网
LC	Log Control Class	日志控制表
LCB	Log Control Block	日志控制块
LD	Logical Device	逻辑设备
LN	Logical Node	逻辑节点
LPCT	Low Power Current Transformer	低功率电流互感器
LPHD	Logical Node Physical Device	逻辑节点物理装置
MAC	Medium Access Control	介质访问控制
MCAA	Multicast Application Association	多播应用关联类
MMS	Manufacturing Message Specification	制造报文规范
MRP	Media Redundancy Protocol	介质冗余协议
MSTP	Multi Spanning Tree Protocol	多生成树协议
MSVCB	Multicast Sampled Value Control Block	多播采样值控制块
MU	Merging Unit	合并单元
PASS	Plug And Switch System	插接式开关系统
PD	Physical Device	物理设备
PDU	Protocol Data Unit	协议数据单元
PMU	Phasor Measurement Unit	同步相量测量装置
PRP	Parallel Redundancy Protocol	并联冗余网络协议
qchg	Quality Change Trigger Option	品质改变触发选项

续表

缩写	英 文 全 称	中 文 含 义
RIP	Routing Information Protocol	路由信息协议
RTU	Remote Terminal Unit	远方终端单元
SAS	Substation Automation System	变电站自动化系统
SBO	Select Before Operate	操作前选择
SCD	Substation Configuration Description	变电站配置描述
SCL	Substation Automation System Configuration Language	变电站自动化系统配置语言
SCSM	Specific Communication Service Mapping	特定通信服务映射
SGCB	Setting Group Control Block	定值组控制块
SMV	Sampled Measured Value	采样测量值
SNTP	Simple Network Time Protocol	简单网络时间协议
SOE	Sequence of Events	事件顺序
SPC	Single Point Control	单点控制
StNum	StateNumber	状态序号
SqNum	Sequence Number	顺序号
SSD	System Specification Description	系统规范描述
STP	Spanning Tree Protocol	生成树协议
SV	Sampled Value	采样值
TCI	Tele Control Interface	远方控制接口
TCP/IP	Transmission Control Protocol/Internet Protocol	传输控制协议/网间协议
TrgOp	Trigger Option	触发选项
TTL	Time Allowed to Live	报文允许生存时间
UCA	Utility Communication Architecture	公共事业通信结构
TPID	Tag Protocol Identifier	标签协议标识
UML	Unified Modeling Language	统一建模语言
USVCB	Unicast Sampled Value Control Block	单路传播采样值控制块
VLAN	Virtual Local Area Network	虚拟局域网
VMD	Virtual Manufacturing Device	虚拟制造设备
VQC	Voltage Quality Control	电压无功控制
XML	Extensible Mark−up Language	可扩展标志语言

参 考 文 献

[1] 国家电力调度控制中心. 智能变电站继电保护技术问答 [M]. 北京：中国电力出版社，2014.

[2] 袁宇波，高磊，卜强生，等. 智能变电站集成测试技术与应用 [M]. 北京：中国电力出版社，2013.

[3] 石光，赵勇，韩伟. 智能变电站试验与调试 [M]. 北京：中国电力出版社，2015.

[4] 宋庭会. 智能变电站运行与维护 [M]. 北京：中国电力出版社，2013.

[5] 王天锷，潘丽丽. 智能变电站二次系统调试技术 [M]. 北京：中国电力出版社，2013.

[6] 凌平，沈冰，周健. 全数字化变电站系统的检测手段研究 [J]. 华东电力，2009，37（6）：952-955.

[7] 张劲松，俞建育. 网络分析仪在智能化变电站中的应用 [J]. 华东电力，2011，39（4）：665-668.

[8] 何磊，田霞. IEC 61850 SCL 配置文件测试工具的设计与实现 [J]. 电力自动化设备，2012，32（4）：134-137.

[9] 单金华，施峰，林中时，等. 智能化变电站在线监测技术 [J]. 科技创新导报，2012（8）：50-51.

[10] 陶骞，夏勇军，陈宏，等. 智能变电站现场调试及试验方法 [J]. 湖北电力，2011（35）：117-120.

[11] 何如青，黄巍. 智能变电站关键调试技术及发现问题的解决方案 [J]. 江西电力，2012，36（6）：59-62.

[12] 肖志强，吴文斌，范运珍. 智能变电站与常规变电站运行维护的几点关键区别 [J]. 华中电力，2012，25（3）：63-66.

[13] 朱维钧，林冶，唐志军. 智能变电站不停电扩建方案的研究 [J]. 电力与电工，2013，33（1）：17-20.

[14] 陈国飞，李有春，贾建明. 500kV 变电站智能化改造模式研究 [J]. 山东电力技术，2011（6）：27-31.

[15] 刘琳，王向平，沈斌. 常规变电站智能化改造的技术探讨 [J]. 华东电力，2011，39（8）：1288-1290.